CO_2 驱油提高采收率过程中油管腐蚀与防腐

白海涛　陈景辉◎著

中国石化出版社
·北京·

图书在版编目(CIP)数据

CO_2驱油提高采收率过程中油管腐蚀与防腐 / 白海涛，陈景辉著. —北京：中国石化出版社，2023. 8
ISBN 978-7-5114-7240-3

Ⅰ. ①C… Ⅱ. ①白… ②陈… Ⅲ. ①石油管道-防腐 Ⅳ. ①TE988.2

中国国家版本馆 CIP 数据核字(2023)第 168390 号

中国石化出版社出版发行
地址：北京市东城区安定门外大街 58 号
邮编：100011 电话：(010)57512500
发行部电话：(010)57512575
http://www.sinopec-press.com
E-mail:press@sinopec.com
北京科信印刷有限公司印刷
全国各地新华书店经销
*
710 毫米×1000 毫米 16 开本 10 印张 167 千字
2023 年 8 月第 1 版 2023 年 8 月第 1 次印刷
定价：62.00 元

前　言

我国大部分油田已进入注水开采中后期，并相继出现了必须进一步提高原油采收率的问题。在努力实现“双碳”目标的背景下，CO_2驱油提高采收率(CO_2 Enhanced Oil Recovery，CO_2-EOR)技术的应用既可解决油田开采过程中提高采收率的问题，又可封存大气中过多的CO_2。CO_2-EOR可明显提高原油采收率，但CO_2造成的腐蚀也不容忽视，相比盐酸对钢铁的腐蚀性，CO_2溶入水中形成的同pH值的碳酸溶液具有更强的腐蚀性。在油田开发过程中，随着CO_2驱油技术的应用，CO_2气体进入采油系统中，给采油井油管造成严重的腐蚀，尤其是造成点蚀。点蚀发生率很高，点蚀速率通常可达每年几毫米甚至几十毫米。点蚀造成的管壁腐蚀穿孔、刺穿是油管损坏报废的主要原因，多起重大事故的发生都由油管的腐蚀(点蚀)所致，给油田生产带来十分严重的经济损失。CO_2-EOR采油井油管内介质为油、气、水多相混合流体，且腐蚀环境特点为高温高压，腐蚀机理异常复杂。

本书依托国家自然科学基金项目“CO_2-EOR中多相流冲蚀下的油管点蚀行为研究”(项目编号：51504193)、陕西省教育厅科研计划项目“CO_2驱油过程中多相流中油管点蚀行为与抑制机理研究”(项目编号：15JS090)和“在役油管表面性质对CO_2腐蚀行为的影响机理研究”(项目编号：21JK0841)的研究内容，重点从建立材料表面腐蚀形貌表征和点蚀定量描述新方法、解析体系因素的变化与腐蚀特征的关系、探讨CO_2腐蚀电化学行为及腐蚀产物膜对腐蚀电化学行为的影响、CO_2-EOR采油井油管腐蚀行为及CO_2-EOR过程中油管防腐措施五个方面进行阐述。首先在高温高压反应釜中模拟不同的CO_2腐蚀环境，采用失重法测定不同条件下J55碳钢的平均腐蚀速率，利用扫描电子显微镜(SEM)观察腐蚀后样品表面微观形貌、利用能谱分析(EDS)分析其元素组成和利用X-射线衍射(XRD)分析腐蚀产物组分。去除腐蚀后J55碳钢表面的腐蚀产物，并使用全自动三维显微成像系统采集样品表面的三维形貌图像，利用Matlab软件和 Origin 软件对腐蚀图像进行识别、定量统计和拟合，分析出三维腐蚀形貌的特征，构建腐蚀条件与腐蚀特征之间的关系。同时，利用电化学工作站研究CO_2腐蚀体系变化及不同条件下生成的腐蚀产物膜对腐蚀电化学行为的影响。笔者在本书最后综述了油田 CO_2环境中碳钢管材的防腐措施。

本书共 6 章，第 1~5 章由白海涛编写，第 6 章由陈景辉编写。任鹏、乔林胜、张杰、张万和张清波等协助完成了本书部分实验。西南石油大学王永清教授，西安石油大学张宁生教授、马云教授、谢娟副教授和王新强副教授对本书提出了诸多有建设性的修改意见。同时，本书得到“西安石油大学优秀学术著作出版基金”和西安石油大学石油工程学院的资助，在此一并表示感谢。

CO_2-EOR 过程中井筒腐蚀环境特殊、腐蚀机理复杂，加之笔者水平有限，书中不妥之处在所难免，敬请读者批评指正。

目　　录

第1章 概　述

目前，世界上大部分油田已进入注水开采的中后期，相继出现了进一步提高原油采收率的问题，而大气中过多的CO_2会带来严重的经济损失和引起温室效应等环境问题。为了解决上述问题，大批学者开展了CO_2驱油提高采收率（CO_2 Enhanced Oil Recovery，CO_2-EOR）技术的研发和应用。研究表明，这项技术在常规油藏及低渗透、特低渗透油藏中都可以明显地提高原油采收率，这样既解决了油田开采过程中提高采收率的问题，又封存了大气中过多的CO_2。虽然CO_2驱油技术可以明显提高原油采收率，但CO_2造成的管材腐蚀也不容忽视，相比盐酸对钢的腐蚀性，由CO_2溶入水中形成的同pH值的碳酸溶液具有更强的腐蚀性。在原油开采过程中，随着CO_2驱油技术的应用，CO_2气体进入采油系统，给采油井油管带来严重的腐蚀问题，尤其是点蚀。点蚀发生率很高，点蚀速率通常每年可达几毫米甚至几十毫米。点蚀造成的管壁腐蚀穿孔、刺穿是油管损坏和报废的主要原因，多起重大事故的发生都由油管的腐蚀（点蚀）所致，给油田生产造成了十分严重的经济损失。CO_2-EOR的采油井油管内介质为油、气、水多相混合流体，且腐蚀环境为高温、高压，故腐蚀机理异常复杂。因此，开展CO_2、盐水和原油环境中油管钢的CO_2腐蚀（点蚀）行为研究尤为必要。

鉴于此，笔者深入开展了CO_2-EOR过程中体系因素对油管钢腐蚀的影响规律及机理的研究，为准确、真实地描述含原油条件下CO_2对油管钢腐蚀规律提供了一定的借鉴。详细描述了CO_2-EOR过程中沿井筒的腐蚀和点蚀规律，为油管的针对性防腐提供了借鉴，对于保证井筒完整性具有重要意义。同时，可为建立考虑原油影响的CO_2腐蚀预测模型提供参考。

1.1 研究现状

1.1.1 CO_2-EOR技术研究现状

随着全球经济的快速发展，能源生产和需求之间的矛盾日益凸显，尤其是作为掌握工业发展命脉的石油、天然气，这种矛盾更为明显。由于石油、天然气是不可再生的自然资源，因此人们对其研究和发展十分关注，寻求有效而廉价的采油新技术一直是专家们不断探索的问题。

大气中过多的CO_2使全球气候变暖、极端气候事件频繁发生，给世界带来了巨额经济损失，对人类生存和社会、经济发展构成了严重威胁。2005 年，联合国政府间气候变化专门委员会(IPCC)为了大幅减少温室气体的排放，提出了碳捕捉与封存(Carbon Capture and Storage，CCS)技术。国内外相关科研人员在 CCS 技术及相关领域开展了卓有成效的工作，其中最有效的CO_2地质处置方式是注入油气田，这样不仅可以封存CO_2，还可以用提高油气田的采收率的利润来抵销CO_2捕捉的成本。CO_2-EOR 项目的运行基本上是一个闭环系统，如图 1-1 所示。提高采收率所需的CO_2主要来自发电厂、水泥厂和炼油厂，CO_2通过管道或罐车运输并注入地质条件有利的油藏中。大约 50%的注入CO_2在储层及流体中被捕捉或溶解。未被捕捉的CO_2被分离出来，重新注入储层，如此反复，越来越多的回注CO_2被截留。在CO_2驱结束时，基本上所有的CO_2都存储在地层中，达到提高采收率和 CCS 的目标。

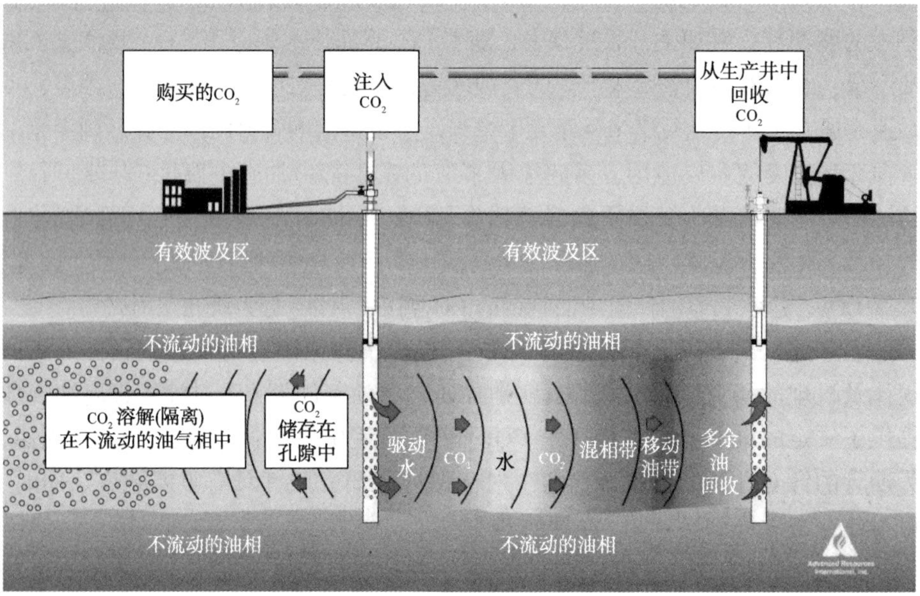

图 1-1　CO_2-EOR 技术闭环系统

美国是CO_2驱技术发展最快的国家。从 20 世纪 80 年代到现在，CO_2驱技术已经成为继蒸汽驱技术之后的第二大提高采收率技术。截至 2023 年，美国的CO_2驱项目已遍布美国的各大州，各大油田增产油量呈现持续上升的趋势。为了加大CO_2驱技术的应用力度，美国投入巨资修建了 4000 多千米、跨越了 4

个州的CO_2气输送干线。20世纪90年代，加拿大石油公司对一些地区注水开采轻质油和中质油的油藏进行了CO_2驱综合研究，并于1997年在Weyburn油田投资进行了第一个大规模CO_2混相驱。研究表明，注CO_2提高的采收率比注水提高的采收率高30%~40%，生产寿命延长25年以上，至少可以再采出$2000\times10^4m^3$原油。此外，在一些不适合热采的重油油藏中，也可以在压力小于10~12MPa的情况下注入CO_2，这样可以达到降低黏度的目的，进而提高10%~15%的采收率。2000年，俄罗斯的乌拉尔—伏尔加地区和西西伯利亚的某油田中有900多个渗透率不超过$0.05\mu m^2$的层系，其中已经有超过1/3的层系开始使用CO_2驱。研究还表明，不仅在低渗透油田，含水率较高和深层油藏等难开采的油藏也是CO_2驱技术可以应用的地方。CO_2-EOR技术不仅应用于美国、俄罗斯、加拿大、英国等国家，而且广泛应用于特立尼达和多巴哥、土耳其、中东等一些国家和地区。2012年，《油气》杂志在对327项三次采油项目统计中发现，CO_2驱油项目就达到了135项，占41.28%，从而成为三次采油技术中的主力技术。

CO_2-EOR技术在我国也得到了蓬勃发展，一些油田通过开展先导试验，发现CO_2-EOR技术可提高10%~20%的采收率。CO_2-EOR技术具有促使原油膨胀、降低黏度、改善油水流度比、降低油水界面张力、萃取原油中轻质烃和形成内部溶解气驱等特征，在低渗透油田提高采收率方面比水驱具有更加明显的优势。同时，CO_2-EOR技术在提高稠油采收率领域也显示出广阔的应用前景。目前，CO_2-EOR技术在江苏油田、延长油田、长庆油田和中原油田等均有应用，并取得良好的效果。

CO_2-EOR技术具有极大的应用潜力，在目前已发现的油田中约有3710×10^8t CO_2捕捉和储存的潜力，同时能够增加约$1.3\times10^{12}bbl$($1bbl=0.159m^3$)的原油产量(表1-1)。而在我国，在1998年评价的常规稀油油田储量中有12.3×10^8t适合采用CO_2-EOR技术，该储量随着近年来的勘探还在迅速增加。另外，我国还有约50%已探明的低渗透油藏储量尚未动用，约有34×10^8t。长庆油田和延长油田已经对CO_2-EOR技术在低渗透油藏中的应用进行了大量的理论论证和现场试验，并取得显著成果，为我国低渗透油藏的开发提供了很好的借鉴。CO_2-EOR技术对于降低我国石油对外依存度、提高原油自给能力和保障能源安全具有重要意义。因此，CCS与CO_2-EOR集成技术已经成为实现经济开发油田和温室气体减排“双赢”局面的主导技术，应用前景广阔。

表 1-1 世界主要盆地采油和二氧化碳储存潜力

区 域	CO_2-EOR 采油/10^9bbl	CO_2储存量/10^9t
亚太地区	47	13
中南美洲	93	27
欧洲	41	12
苏联	232	66
中东/北非	595	170
北美/其他	38	11
北美/美国	177	51
南非/南极洲	74	21
总计	1297	371

注：据 *Energy Procedia*，2013(37)：6854-6866.

1.1.2 CO_2均匀腐蚀与点蚀研究现状

在实施 CO_2-EOR 过程中遇到一些问题，如混相驱压力高、气窜严重、有机固相沉积严重和 CO_2带来的腐蚀等，其中前三者都关乎 CO_2-EOR 的效率问题，而 CO_2带来的设备、管线的腐蚀问题则影响着 CO_2-EOR 的安全性、经济和环境效益。采用 CO_2-EOR 技术或多或少地会将 CO_2带入原油生产过程中，CO_2也不可避免地会接触到盐水、H_2S、油、固体悬浮物等物质(图 1-2)，而 CO_2溶于水后，在 pH 值相同的情况下，其总酸度比盐酸酸度还高，对油气井管材与地面集输系统具有比盐酸更强的腐蚀性。

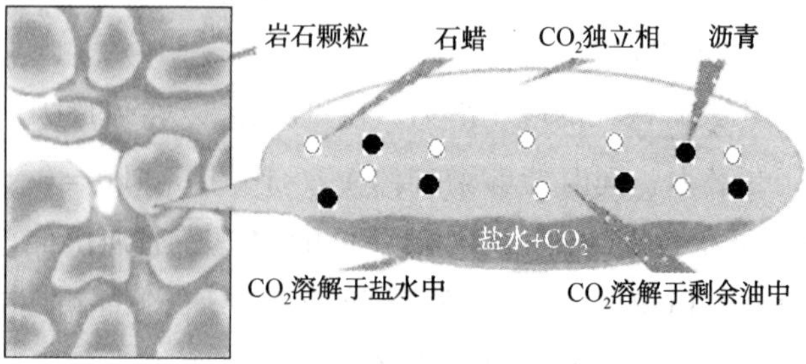

图 1-2 CO_2在储层中的存在状态

关于 CO_2-EOR 过程中油管腐蚀的工程报道较少，美国 Little Ceek 油田在进行 CO_2-EOR 时，对油井套管未采取防 CO_2腐蚀措施，仅使用 5 个月的套管就发生了腐蚀穿孔。Laumb 等通过 2 个案例研究并报道了 Weyburn 油田 CO_2-EOR 现场套管的腐蚀情况，结果表明暴露于地层流体和 CO_2中的套管腐蚀严重。在我国，王嘉亮统计分析了柳赞北区管线 CO_2引起的管线穿孔情况，并提出了防治措施。对于 CO_2引起的油气田井筒和管线腐蚀报道较多，尤其是在含 CO_2的气井中。贾思洋和刘玉等综述了国内外油气田 CO_2腐蚀及防护的研究现状，大量报道了国内外由 CO_2腐蚀引起的油气田生产事故。可见，CO_2腐蚀引起的事故在油田生产活动中屡见不鲜，也十分严重。

CO_2对金属的腐蚀可分为三种类型：均匀腐蚀、局部腐蚀和点蚀(图 1-3)，其中，点蚀发生率很高，穿透率极强，点蚀速率通常可达每年几毫米甚至几十毫米。研究者们主要通过研究腐蚀介质组成、腐蚀环境变化和金属材质来探讨 CO_2的均匀腐蚀机理，得到了一些行业内一致认可的规律性结论。温度通过影响腐蚀产物膜的致密程度来影响金属的腐蚀速率。腐蚀介质的流速通过冲刷作用影响腐蚀产物膜的形态来影响腐蚀速率。CO_2分压通过影响腐蚀介质的 pH 来影响腐蚀速率。CO_2局部腐蚀主要是由腐蚀产物膜上的缺陷引起的，但对于其机理未达成一致认识。Ikeda 等认为 CO_2局部腐蚀是腐蚀产物膜在生成过程中存在缺陷，腐蚀介质穿过缺陷与基体反应所致。Schmitt 认为腐蚀产物膜的破坏是由流体引起的。Xia Z 等和 Riesenfeld 等在研究碳钢在含 CO_2的溶液中的腐蚀行为时都发现了点蚀现象，他们认为点蚀是由于碳钢表面覆盖了 $FeCO_3$的区域与处于裸露状态的区域之间构成了电偶腐蚀。

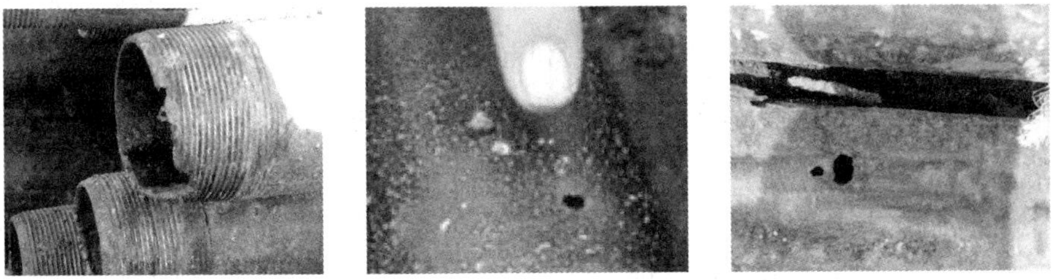

图 1-3 某油田 CO_2驱油管腐蚀形貌

在关于含原油体系 CO_2对油管腐蚀的研究中，大多数的研究者采用改变原油和水的油水比，即采用不同原油含水率的办法进行研究。Efird 和 Jasinski 利用高温高压釜对几种不同类型和不同含水率的原油进行实验研究，发现原油有机含氮量和酸值对金属材料的腐蚀速率有影响。也有学者认为原油中的 S 元素是影响钢材点蚀的主要因素。彭伟华等进行了原油含水率和流速对钢材腐蚀行为的影响研究，结果表明钢材的腐蚀速率随着原油含水率和流速的增大而增大。程雅雯等同样进行了原油含水率对 X80 钢的腐蚀实验研究，结果表明腐蚀速率也是随着含水率的增大而增大，但原油含水率小于 50%时，腐蚀速率较小，当含水率大于 50%时，腐蚀速率开始大幅增加。孙冲等在研究超临界

CO_2/油/水系统中 J55 碳钢的腐蚀行为时也得到同样的结论，并且将 CO_2/原油/水介质条件下的腐蚀速率曲线分为 5 个区域，分别代表 5 种不同的腐蚀模型：①当腐蚀介质为杂环原子组含量多的纯原油时，不会对金属基体造成腐蚀；②当含水率为 0~30%时，腐蚀介质为油包水乳液，原油覆盖在基体表面，阻碍水相润湿基体，故腐蚀速率小于 0.1mm/a，腐蚀形态为均匀腐蚀；③当含水率为 30%~75%时，腐蚀介质中油包水和水包油乳液共存，腐蚀速率随着含水率的上升呈线性增加，腐蚀形态为局部腐蚀；④当含水率为 75%~100%时，腐蚀介质为水包油乳液，水相覆盖在基体表面，阻碍原油润湿基体，加剧了基体腐蚀，腐蚀形态为台地腐蚀；⑤当腐蚀介质为水相时，腐蚀速率很大，腐蚀形态为均匀腐蚀。王世杰也研究了原油含水率对 N80 碳钢在超临界 CO_2/油/水体系中的腐蚀行为的影响，结果表明由平均腐蚀速率转换的临界原油含水率为 75%。原油含水率还影响 N80 碳钢的腐蚀形态。当含水率小于 50%时，发生均匀腐蚀；当含水率在 50%~75%时，发生点蚀；当含水率大于 75%时，主要发生台地腐蚀。

原油的存在能够显著降低碳钢的 CO_2腐蚀速率，关于原油腐蚀影响机理主要有以下两方面：一是原油优先在金属表面上铺展，阻碍金属基体表面与水相接触，从而降低腐蚀速率；二是原油中的有机化合物吸附在金属材料表面，改变了金属表面油、水两相的浸润程度和电化学特性，进而影响腐蚀产物膜的形态、组分及致密程度，使腐蚀速率降低。但更为普遍的认识是原油中具有缓蚀作用的组分吸附在金属表面，类似于缓蚀剂的“几何覆盖效应”，起到减少表面腐蚀反应活性点的作用。Castillod 等认为在存在表面原油的情况下能够降低腐蚀速率，但也能引起局部腐蚀。

关于 CO_2腐蚀电化学过程存在很大争议，形成的普遍观点为：CO_2溶解于水中形成 H_2CO_3，溶液中的 H_2CO_3与 Fe 反应而导致腐蚀。主要反应式如下：

$$CO_2+H_2O \longrightarrow H_2CO_3$$

$$H_2CO_3 \longrightarrow H^++HCO_3^-$$

$$HCO_3^- \longrightarrow H^++CO_3^{2-}$$

$$2H^++Fe \longrightarrow Fe^{2+}+H_2$$

$$Fe^{2+}+CO_3^{2-} \longrightarrow FeCO_3$$

总腐蚀反应：

$$CO_2+H_2O+Fe \longrightarrow FeCO_3+H_2$$

对于 CO_2腐蚀的阳极反应和阴极反应存在的分歧和争议较大。对于阳极反应的分歧主要是在伴随阳极反应过程中产生的中间反应衍生物，不同学者的观点见表 1-2。

表 1-2 CO_2腐蚀阳极反应过程

文献作者	阳极反应过程
Waard 等	$Fe+OH^- \longrightarrow FeOH+e$ $FeOH \longrightarrow FeOH^+ +e$ $FeOH^+ \longrightarrow Fe^{2+}+OH^-$ 总的阳极反应为： $Fe \longrightarrow Fe^{2+}+2e$
Davies 等	$Fe+2H_2O \longrightarrow Fe(OH)_2+2H^+ +2e$ $Fe+HCO_3^- \longrightarrow FeCO_3+H^+ +2e$ $Fe(OH)_2+HCO_3^- \longrightarrow FeCO_3+H_2O+OH^-$
Ogundele 等	$Fe \longrightarrow Fe^{2+}+2e$ $Fe+HCO_3^- \longrightarrow FeCO_3+H^+ +2e$
Linter 等	$Fe+2H_2O \longrightarrow Fe(OH)_2+2H^+ +2e$ 或：$Fe+2OH^- \longrightarrow Fe(OH)_2+2e$ $Fe(OH)_2+CO_2 \longrightarrow FeCO_3+H_2O$

阴极反应是 CO_2腐蚀过程中的控制步骤，对其反应的分歧主要围绕着 H^+或 H_2O、H_2CO_3及 HCO_3^-的还原。Nesic 等在考虑体系 pH 值变化的条件下，通过开展实验将非催化的 H^+阴极还原反应分为三类，见表 1-3。而 Linter 等研究发现，CO_2腐蚀阴极反应中 HCO_3^-和 H_2CO_3的还原要比 H^+和 H_2O 的还原更难一些。张学元等则认为阴极反应以 H_2CO_3的还原为主，反应受活化控制。

表 1-3 CO_2腐蚀阴极反应过程

体系 pH 值	阴极反应过程	反应控制
pH<4	$H_3O^+ +e \longrightarrow [H]_{ad}+H_2O$ $H_2CO_3 \longrightarrow H^+ +HCO_3^-$ $HCO_3^- \longrightarrow H^+ +CO_3^{2-}$	反应受扩散控制
4<pH<6	$H_2CO_3+e \longrightarrow [H]_{ad}+HCO_3^-$	反应受活化控制
pH>6	$2HCO_3^- +2e \longrightarrow H_2+2CO_3^{2-}$	反应受活化控制

在 CO_2腐蚀的阴极和阳极反应过程和作用机理方面，学者们还没有达成共识。主要原因是 CO_2腐蚀过程受到腐蚀环境参数、腐蚀介质组成、腐蚀产物膜的组成和结构等多种因素的影响，电极反应十分复杂。

对 CO_2腐蚀的均匀腐蚀和点蚀的机理存在争论，不同腐蚀环境下的 CO_2腐蚀速率测定结果差异大。表 1-4 显示了不同体系中金属材料的 CO_2腐蚀速率，腐蚀速率最小为≤0.08mm/a，最大可达 28.3mm/a。除了与腐蚀环境和金属材质有关，还与腐蚀测试周期有关，腐蚀测试周期越长，测定结果越小，反之越大。从 Zhang 等的研究结果中发现，X65 钢在 80℃、高 CO_2分压和低 CO_2分压下，浸泡时间为 48h 后，腐蚀速率基本达到稳定。目前，关于含原油体系下 CO_2腐蚀行为的研究还相对较少，对 CO_2-EOR 采油井油管选材的研究大都只考虑了 CO_2/盐水条件，忽略了原油的缓蚀作用，得到的腐蚀评价结果偏保守，可能造成投资浪费。

表 1-4　不同体系中金属材料的 CO_2腐蚀速率

文献作者	材　料	CO_2压力/MPa	温度/℃	测试周期	腐蚀介质	腐蚀速率/(mm/a)
孙冲等	J55	10.2	76	480h	含水率<30%	≤0.1
					模拟地层水	2.03
Choi 等	碳钢	8	50	24h	去离子水	19.2
				120h		10.6
Wu 等	碳钢	8.274	90	24h	模拟地层水	8.6
				48h		4.9
				96h		1.6
				144h		1.6
Cui 等	P110	8.274	90	96h	模拟地层水	1.7
	N80					1.4
	J55					1.2
Lin 等	P110	6.89、10.34	90	96h	模拟地层水	1.7~2.4
	N80					1.9~0.9
	J55					≤1.1
Sim 等	碳钢	8	40	168h	去离子水	≤0.08
Yong Hua 等	X65	8	50	65h	去离子水	4.0
				96h		10.8
Mohammed 等	X65	8	80	24h	1%(质量分数) NaCl	25.0
Zhang 等	X65	9.5	80	0.5~168h	去离子水	7.26~28.3
Suhor 等	X65	8	80	14d	1%(质量分数)NaCl	2.7
Kong Shang 等	X65	8	50	120d	10 g/L NaCl	4.6
Seiersten 等	X65	8.5~9.5	40	7~14d	去离子水	1.7

1.1.3 CO_2腐蚀产物膜研究现状

1. CO_2腐蚀产物膜结构及生长过程

对于CO_2腐蚀产物膜结构及生长过程的研究较多，一般认为CO_2腐蚀产物膜由内层膜和外层膜组成，内层膜的成分为$FeCO_3$，外层膜的成分为$FeCO_3$或FeC_3或二者的混合物，内层膜对基体的防护效果更好。但 Palacios 等认为腐蚀产物膜有三层，中间层膜具有保护作用，中间层膜破损后容易发生局部腐蚀。赵国仙等同样认为腐蚀产物膜由三层组成，但三层膜间有物质交换通道，对基体无保护作用。Jianbo Sun 等观察了 P110 钢在 76℃、CO_2分压为 10.2MPa、流速为 1m/s、不同原油含水率条件下腐蚀 480h 后的腐蚀产物膜横截面。在含水率为 30%的条件下，腐蚀产物膜为单层膜[图 1-4(a)]，腐蚀产物膜薄且少；在含水率为 75%的条件下，腐蚀产物膜为双层膜[图 1-4(b)]，内层膜致密，外层膜少且不完整；在含水率为 75%的条件下，也观察到了三层腐蚀产物膜[图 1-4(c)]，内层膜厚且致密、中间层膜疏松、外层膜薄且不完整；在含水率为 50%的条件下，腐蚀产物膜有缺陷，在缺陷处出现了点蚀[图 1-4(d)]。Wu 等研究了 N80 碳钢在CO_2分压为 0.5MPa、温度为 80℃、流速为 1m/s 模拟地层水中浸泡 72h 后的表面性质，发现表面腐蚀产物膜由$FeCO_3$内层膜和外层膜组成，但在内层膜中发现了$MnCO_3$，在外层膜中发现了 α-FeOOH。Liu Wei 等对 X70 钢表面CO_2腐蚀产物进行了研究，同样发现腐蚀产物膜为两层，外层膜疏松，内层膜致密。Jiang 等在研究Ca^{2+}对 N80 碳钢的CO_2腐蚀影响时，发现不同腐蚀时期的腐蚀产物膜均为单层不完整的膜，腐蚀产物膜下有点蚀现象发生。

关于CO_2腐蚀产物膜形成和生长过程也有不同的观点。Liang Wei 等对比研究了 X70 钢在 SC-CO_2(Supercritical Carbon Dioxide，超临界CO_2)和低CO_2分压条件下腐蚀产物膜的生成过程。研究发现在 SC-CO_2和低CO_2分压条件下，X70 钢的腐蚀机理相同，腐蚀产物膜的形成机理却截然不同。在 SC-CO_2条件下，钢表面优先形成非晶态层，逐渐演化为致密内$FeCO_3$层，最终在该内层上方形成相对多孔的外$FeCO_3$层。相比之下，在低CO_2分压条件下，先形成致密的外$FeCO_3$层，然后形成多孔但较厚的内层膜。且在低CO_2分压下形成的外层膜比在 SC-CO_2条件下形成的外层膜具有更好的防护性能，而在 SC-CO_2下形成的内层膜比在低CO_2分压下形成的内层膜具有更好的防护性能。内层膜对基体起主要的保护作用，特别是在 SC-CO_2条件下，保护作用更明显。程远鹏认为腐蚀产物膜由内层膜、中间层膜和外层膜构成。在腐蚀反应初始阶段，介质中的阴离子与基体直接反应生成被称作初生产物膜的 $FeCO_3$，同时由腐蚀生成的 Fe^{2+} 与溶液中的 CO_3^{2-} 反应生成被称为次生产物膜的 $FeCO_3$。在腐蚀初始时期，样品表面首先出现由初生产物膜和次生产物膜构成的中间产物层，然后溶液中的腐蚀性离子透过中间产物层与基体发生反应生成 $FeCO_3$ 内层膜。当内层膜足够厚、防护能力足够强时，阳极生成的 Fe^{2+} 穿过内层膜和中间层膜后与 CO_3^{2-} 生成的次生产物 $FeCO_3$ 膜在中间层膜外沉积，最终形成外层膜。

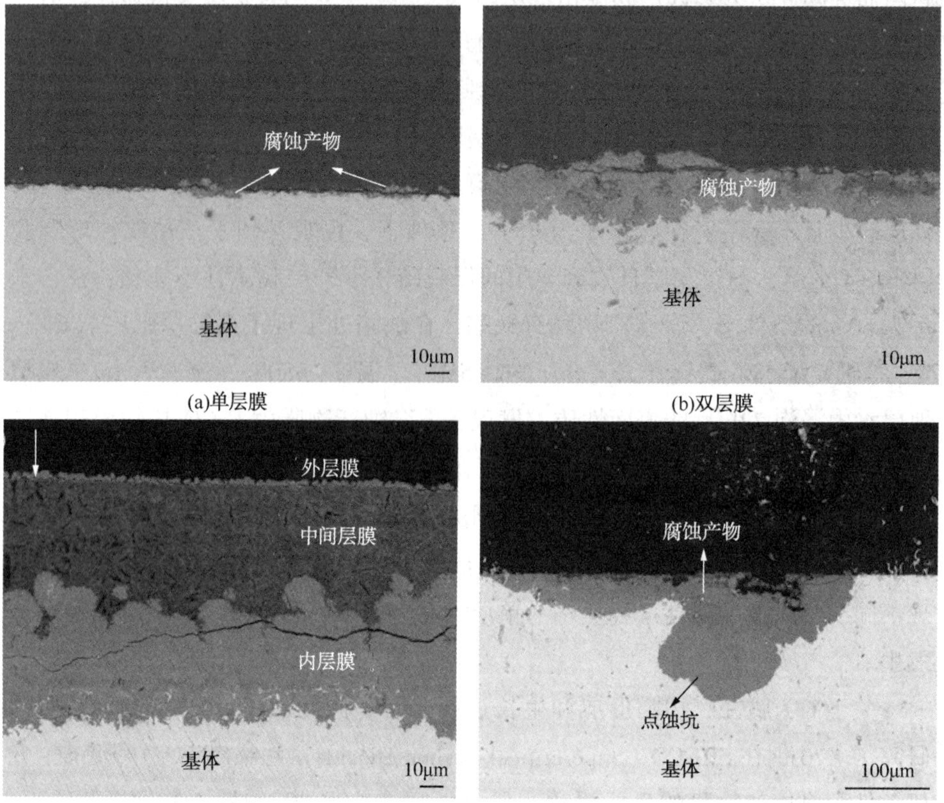

(a)单层膜 (b)双层膜 (c)三层膜 (d)有缺陷的膜

图 1-4　不同结构的腐蚀产物膜

Liang Wei 等在 CO_2 分压为 9MPa、温度为 80℃ 条件下，分别研究了 P110 钢和 X70 钢在 3.5%(质量分数)NaCl 中的腐蚀产物膜结构随浸泡时间的变化，虽然两种材料组成不同，但还是较为完整地描述了腐蚀产物膜的生长过程。P110 钢表面在浸泡 0.5h 后出现较为完整的薄腐蚀产物膜[图 1-5(a)]，随后薄腐蚀产物膜变厚[图 1-5(b)]，浸泡时间继续延长，腐蚀产物膜继续增厚，但也出现了缺陷[图 1-5(c)]，浸泡 12h 后缺陷增大[图 1-5(d)]。浸泡 12h

后，X70 钢表面出现孔洞、疏松的腐蚀产物膜[图 1-6(a)]，这与 P110 钢类似。随着浸泡时间的延长，X70 钢表面腐蚀产物填充了孔洞，使得腐蚀产物膜变得密实[图 1-6(b)和图 1-6(c)]，浸泡时间继续延长，出现了单层腐蚀产物膜[图 1-6(d)]，最终形成外层膜薄且少、内层膜厚且密实的双层腐蚀产物膜[图 1-6(e)和图 1-6(f)]。

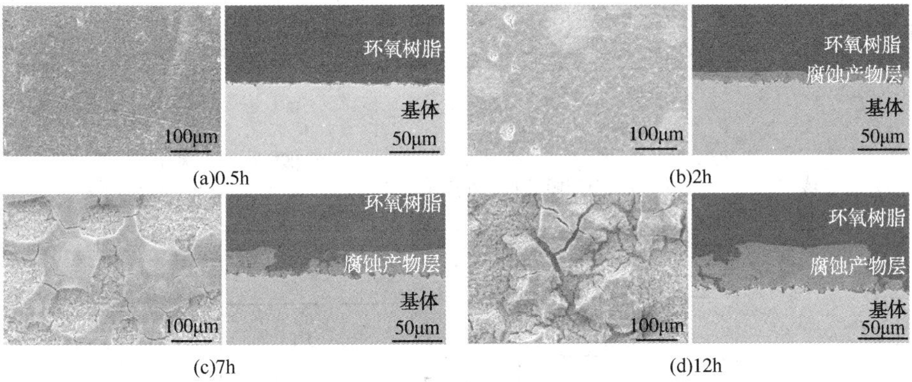

图 1-5　P110 钢在不同浸泡时间下的腐蚀产物膜形态

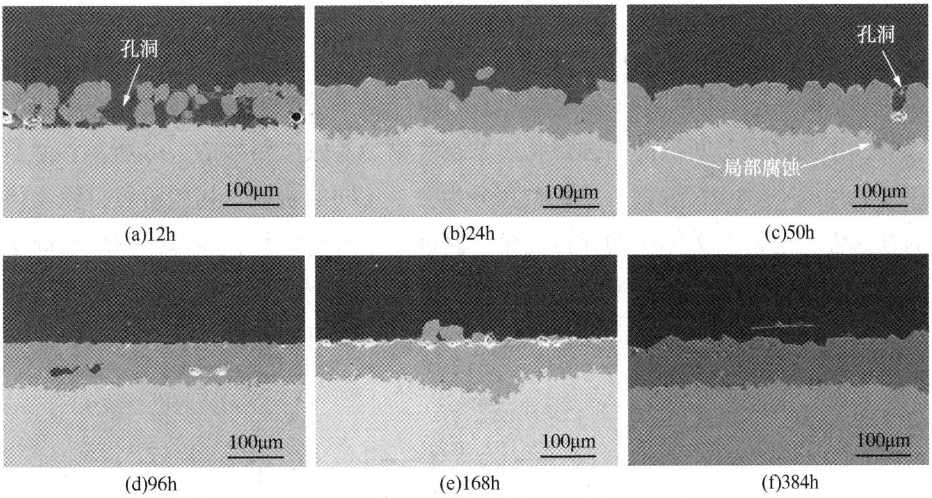

图 1-6　X70 钢在不同浸泡时间下的腐蚀产物膜结构

2. CO_2腐蚀产物膜电化学行为

腐蚀产物膜的结构不同，电化学行为也必然不同。因此，腐蚀产物膜的电化学行为研究是 CO_2腐蚀机理研究的必要过程。目前，主要的测试手段是交流阻抗法，即首先测定腐蚀产物膜的交流阻抗谱，然后拟合等效电路。Liang Wei 等在研究 X70 钢在 CO_2分压为 9MPa、温度为 80℃条件下 3.5%(质量分数)

NaCl 中的腐蚀产物膜性质时，利用 EIS 测试数据拟合出不同产物膜下的等效电路，如图 1-7 所示。图 1-7 中，R_s为溶液电阻；Q_i为恒相元件(Constant Phase Element，CPE)(24h 和 50h 时，$i=1$；168h 时，$i=2$；1 为内层膜，2 为外层膜)，用于表示腐蚀产物膜 i 的电容；R_i为腐蚀产物膜 i 的电阻；Q_{dl}为双电荷层电容的 CPE；R_t代表钢基体溶解的电荷转移电阻，也代表腐蚀速率。R_1、R_2和 R_t都随着浸泡时间的延长而增大，说明腐蚀产物膜对基体的保护性得到增强。

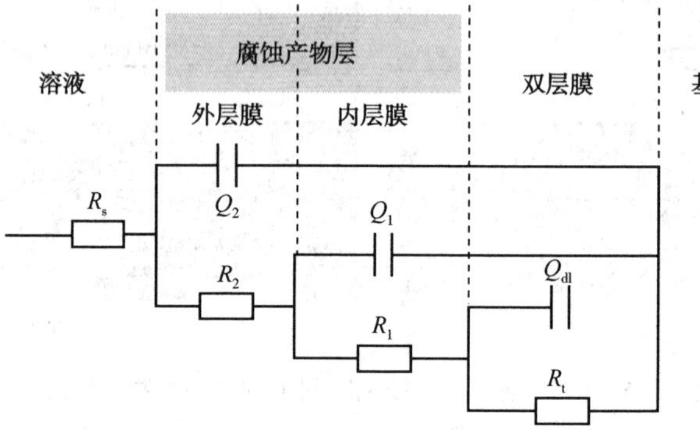

图 1-7　不同腐蚀类型腐蚀产物膜的腐蚀等效电路图

Farelas 等研究了 C1018 碳钢在总压为 0.1MPa、CO_2分压为 0.054MPa、流速为 0.5m/s 条件下浸泡在温度为 80℃的 3%(质量分数)NaCl 溶液中的电化学行为，不同浸泡时间下的腐蚀产物膜状态和腐蚀等效电路如图 1-8 所示。暴露在 CO_2环境中 C1018 碳钢的溶解过程分为三个不同的阶段。初始阶段，铁素体的选择性溶解使渗碳体结构保持完整，腐蚀速率有所增加；随即渗碳体引起了电偶联效应，增加了阴极反应的可用性，并形成了较厚的多孔层；最终在碳化铁层的孔隙内形成一层碳酸铁保护层，显著降低了腐蚀速率。

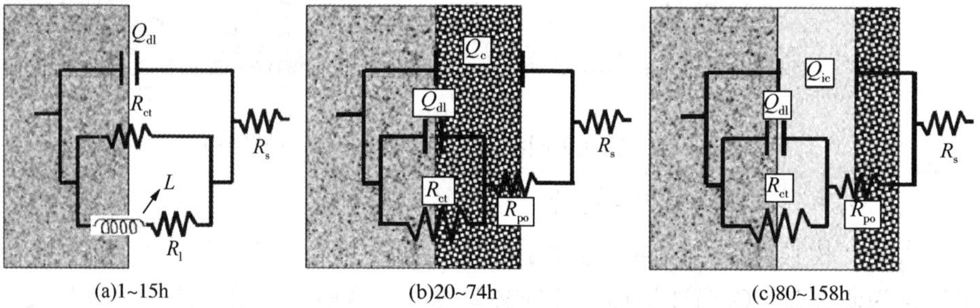

图 1-8　不同浸泡时间下腐蚀产物膜状态和腐蚀等效电路图

Zhang 等研究了 N80 碳钢暴露在 CO_2分压为 8MPa、流速为 2m/s 的地层水中不同时间的腐蚀过程，如图 1-9 所示。在碳钢腐蚀初期，铁素体优先溶解，Fe_3C 保留在阴极。随着腐蚀的进行，更多的 Fe_3C 积聚在碳钢阴极表面。残留的 Fe_3C 松散、呈网状，并且对基体起不了保护作用，并作为阴极相加速碳钢的腐蚀。

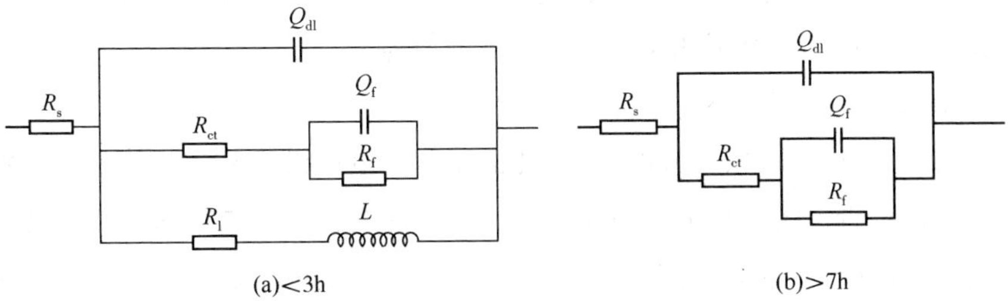

图 1-9 不同腐蚀时期的腐蚀等效电路图

关于腐蚀产物膜结构和电化学行为的研究主要集中在 CO_2/盐水体系的腐蚀方面，且水溶液大都是比较简单的 NaCl 溶液，与油田现场工况下油、气、水多相混合流体性质相差甚远。关于含原油条件下的 CO_2腐蚀产物膜的结构和生长过程已有涉及，但文献数量很少。关于原油对 CO_2腐蚀产物膜的结构和电化学行为的研究还较为缺乏。

1.1.4 点蚀研究方法及存在问题

传统试片失重法主要针对有明显质量损失的腐蚀行为，在点蚀行为研究中实用性不大，因为点蚀引起的材料质量损失小，并且只在局部纵向发展。目前，电化学测量技术和表面形貌分析技术广泛应用于不锈钢的点蚀行为研究中。利用电化学测量技术主要对点蚀机理进行定量研究，尤其对点蚀萌生进行研究。常用的有电化学阻抗技术、极化曲线测量技术和电化学噪声法等。而表面形貌分析技术更加直观，能够直观地测量点蚀坑的各种几何尺寸，可从空间上对点蚀进行定量描述。表面形貌分析技术主要通过各种电子显微镜来发挥作用，常用的有扫描电子显微镜(Scanning Electron Microscope，SEM)、原子力显微镜(Atomic Force Microscope，AFM)、扫描隧道显微镜(Scanning Tunneling Microscope，STM)。由于表面形貌分析技术不能明确点蚀形成的机理，故常与电化学测量技术结合使用。

1. 电化学阻抗技术

电化学阻抗技术(Electrochemical Impedance Spectroscopy，EIS)因其过程简

单、重现性好而成为局部腐蚀机理研究的重要方法。利用 Nyquist 图低频区的形状可判断点蚀的萌生和生长，基体处于钝化状态时，高频区和低频区共同构成单一容抗弧；当基体钝化膜被破坏时，点蚀开始萌生，Nyquist 图低频区出现感抗弧；当点蚀稳定生长时，低频区由容抗弧代替感抗弧，EIS 整体表现为双容抗弧。由 Nyquist 图可以反映出不同材料的点蚀萌生期，故可以通过对比 Nyquist 图来评价不同材料的耐腐蚀能力。张胜寒等在 0.1mol/L NaCl 溶液中利用电化学阻抗技术研究了 304 不锈钢的点蚀行为。

2. 极化曲线测量技术

极化曲线分为两种，为动电位极化曲线和恒电位极化曲线，其主要区别在于极化电位是否恒定。动电位极化曲线由阳极曲线正向扫描得到点蚀破裂电位 E_b，由阳极曲线反向扫描得到点蚀保护电位 E_p 及由正、反向极化曲线围成的滞后包络面积。E_b 越正，表示材料的抗点蚀能力越强；E_p 越正，表示材料的钝化能力越强。滞后包络面积越大，表示材料的点蚀概率越大。恒电位极化曲线测定的是腐蚀电流与时间的变化关系，能够得到金属材料的点蚀形核时间和发展速度等特性参数。朱一帆等采用恒电位极化曲线研究了 304 不锈钢、316L 不锈钢等在含酚酸性废水中的耐蚀性。秦丽雁等采用稳态阳极极化曲线研究了多种不锈钢在 NaCl 溶液中的耐蚀性能。

3. 电化学噪声法

电化学噪声法(Electrochemical Noise，EN)指在电化学实验过程中，其电学状态参量(如电极电位、外测电流密度等)的随机非平衡波动现象。电化学噪声法是由一种无损、无干扰的腐蚀检测技术，可以检测均匀腐蚀、局部腐蚀和点蚀。孔蚀指标 PI 是表征金属的抗点蚀能力的主要参数。当 $PI \approx 1.0$ 时，表明材料表面点蚀萌生；当 $0.1 < PI < 1.0$ 时，表示金属表面有局部腐蚀发生；当 $PI \approx 0$ 时，表示发生均匀腐蚀或者金属表面被钝化。胡丽华等在 3.5%(质量分数)NaCl 溶液中利用电化学噪声法和电化学阻抗技术研究了 1Cr18Ni9Ti 不锈钢的早期腐蚀行为。

4. 表面形貌原位显微分析技术

对不锈钢点蚀表面形貌原位显微分析的研究较多，Li L 等使用 AFM 原位观察了奥氏体不锈钢的点蚀过程。万斌等采用三维视频显微镜技术研究了 304 不锈钢在纯水和不同浓度 NaCl 溶液中的点蚀行为，结果表明点蚀诱导时间随 NaCl 含量增加而缩短。Wang Yafei 等利用 3D 测量显微镜原位观察了 X80 钢在 3.5%(质量分数)NaCl 溶液中的点蚀行为，详细记录了不同腐蚀时间的点蚀坑的几何参数。

上述对点蚀行为的研究方法大都针对不锈钢，针对碳钢的点蚀研究方法较为缺乏。对于同时存在均匀腐蚀和点蚀的碳钢 CO_2 腐蚀研究方法还未见报道。表面形貌分析技术只对腐蚀表面很小一部分进行了研究，可能不足试样暴露面积的千分之一。由于点蚀过程具有任意性、偶然性和随机性，在相同条件下可能得到不同的研究结论。因此，研究一种能够更加精准、更加便捷地描述油管点蚀发生位置和发展过程及相关信息的方法，是目前本领域研究人员较为关注的一个具有实际应用价值和研究意义的课题。

1.2 研究目标及主要研究内容

1.2.1 研究目标

本书通过建立材料表面腐蚀形貌表征和点蚀定量描述新方法，消除传统点蚀测定方法实施过程中由于研究面积小而存在的主观性、随机性和片面性等弊端，为大量腐蚀试样的对比分析、解析腐蚀与点蚀机理奠定基础。利用新方法研究 CO_2/原油/盐水体系和 CO_2/盐水体系的体系因素(含水率、温度、CO_2 分压、矿化度、流速、腐蚀时间及乳化程度等)对 J55 碳钢腐蚀的影响，阐明体系因素的变化与腐蚀特征之间的关系。同时，对腐蚀后的试样特殊区域进行扫描电子显微镜微观观察，并辅以能谱分析。对腐蚀产物进行 X-射线衍射分析，利用电化学工作站研究体系因素及腐蚀产物膜对 CO_2 腐蚀行为的影响，探索 CO_2 腐蚀电化学机理。模拟 CO_2-EOR 采油井油管的腐蚀环境，获得 CO_2-EOR 过程中油管沿井筒的腐蚀和点蚀规律，为 CO_2-EOR 采油井油管防腐及井筒完整性提供理论和技术支撑。

1.2.2 主要研究内容

本书重点从建立材料表面腐蚀形貌表征和点蚀定量描述新方法、解析体系因素的变化与腐蚀特征的关系、探讨 CO_2 腐蚀电化学行为、腐蚀产物膜对腐蚀电化学行为的影响，以及 CO_2-EOR 采油井油管腐蚀行为等方面开展研究。具体研究内容如下：

(1) 建立材料表面腐蚀形貌测量和点蚀定量描述新方法。利用全自动三维显微成像系统提取试样表面腐蚀深度图像信息，结合对应试样的腐蚀基准高度和平均腐蚀速率，利用 Matlab 软件对腐蚀图像进行识别和定量统计，利用

Origin 软件拟合定量统计结果，建立材料表面腐蚀形貌表征和点蚀定量描述新方法，消除传统点蚀测定方法实施过程中由于研究面积小而存在的主观性、随机性和片面性等弊端，为大量腐蚀试样的对比分析、解析腐蚀与点蚀机理奠定基础。

（2）解析体系因素的变化与腐蚀特征的关系。在高温高压反应釜中采用失重法，分别研究不同体系因素（含水率、温度、CO_2分压、矿化度、流速、腐蚀时间及乳化程度）对 J55 碳钢在 CO_2/原油/盐水体系和 CO_2/盐水体系中平均腐蚀速率的影响，用扫描电子显微镜（SEM）、能谱分析（EDS）和 X-射线衍射（XRD）对腐蚀产物膜进行表征，并用新方法描述不同条件下 J55 碳钢的最大点蚀深度和腐蚀深度分布。探讨体系因素的变化与腐蚀特征之间的关系。

（3）探讨 CO_2腐蚀电化学行为及腐蚀产物膜对腐蚀电化学行为的影响。利用三电极电化学系统测量 CO_2腐蚀体系变化对腐蚀电化学行为的影响。利用高温高压反应釜模拟不同腐蚀条件，J55 碳钢在 CO_2/原油/盐水体系和 CO_2/盐水体系中预先生成腐蚀产物膜，采用交流阻抗技术和动电位极化技术研究在腐蚀产物膜覆盖条件下 J55 碳钢的 CO_2腐蚀电化学特性，明确腐蚀产物膜对平均腐蚀速率和点蚀的影响机制。

（4）CO_2-EOR 采油井油管腐蚀及点蚀规律研究。利用高温高压反应釜模拟不同深度 CO_2-EOR 采油井油管环境，测定不同井深条件下 J55 碳钢的腐蚀速率，并对腐蚀和点蚀特征进行表征。为 CO_2-EOR 采油井油管防腐提供理论支撑。

（5）综述国内外 CO_2防腐措施。分别从使用 CO_2缓蚀剂、使用耐蚀管材、使用内衬涂层、阴极保护等方面阐述 CO_2-EOR 过程中油管防腐技术。

第2章 金属材料腐蚀形貌表征方法

2.1 前言

腐蚀图像包含了大量的腐蚀相关信息，随着图像处理与识别技术的发展，在腐蚀研究和评价中的应用也越来越广泛。Champion 在 1964 年首次提出了腐蚀表观形貌检查标准图谱，主要是将点蚀的平面参数及空间参数与标准图谱进行对比，达到评价腐蚀程度和等级的目的。这种方法的缺陷在于采用目视法，不能对腐蚀坑的微观形态进行研究。Itzhak 等及 Frantziskonis 等先后用图像处理法评价和描述了 304 不锈钢和 2024 铝合金点蚀坑的几何特征。Codaro 等提出了一种用于腐蚀坑形状分类、尺寸和形貌参数评价的数字图像处理与分析方法，将理论几何数据与钛合金和铝合金在不同腐蚀实验条件下的实验数据进行了比较。该方法对低、高点蚀程度的表面分析是有效的。随着分形理论的发展，对腐蚀图像的研究和分析也逐渐深入，尤其是在轻微腐蚀估计方面的应用更加成熟。Costa 等在光学显微镜下观察了模拟海水中阳极极化后的 316 不锈钢表面腐蚀图像，用分形理论研究并计算出点蚀剖面的分形维数。Kurose 等和 Aoyama 等分别用分形理论研究了纯铜的应力腐蚀裂纹分布、发展过程和球墨铸铁表面腐蚀图像，均得到了较为满意的结果。在国内，中国石油大学(北京)的翁永基、许述剑等在腐蚀图像分形处理方面也做了大量的研究工作，主要集中在土壤对碳钢腐蚀的图像方面，揭示了碳钢腐蚀的发展规律并提出了基于分形动力学过程的腐蚀预测模型。不同腐蚀深度在平面二维图像上体现为灰度或者像素颜色，因此通过对腐蚀图像灰度或像素的统计可以得出腐蚀深度统计信息。许述剑等的研究表明，腐蚀图像灰度和实际腐蚀深度具有很好的相关性，相关系数达 0.95。孔德英等在研究碳钢、低合金钢试片的腐蚀形貌图像时，发现腐蚀图像灰度值与试样腐蚀失重、腐蚀深度具有很好的相关性。Garzon 等提出了一种利用数字图像处理技术进行腐蚀表面损伤分析的新概念。

他们用形态表面损伤的数字值代替电化学方法分析腐蚀现象，图像特征包括：颜色、纹理和形状。邹志等提出了一种腐蚀图像的 RGB、HSV 等多个色彩空间的信息统计分析方法来识别腐蚀特征，得到每个腐蚀图像主要统计特征参数的分布规律。苏润西等在对 304 不锈钢图像进行统计分析时发现图像灰度与点蚀萌生、发展有直接关系，灰度统计直方图上出现双峰即发生点蚀。上述研究的目标面积均很小，占试样暴露面积不足千分之一，因此研究结果可能存在一定的主观性、盲目性和随机性。

本章利用全自动三维显微成像系统提取腐蚀试片的图像信息，结合对应试样的腐蚀深度基准和平均腐蚀速率结果，利用 Matlab 软件和 Origin 软件对腐蚀图像进行识别、定量统计和拟合，分析出三维腐蚀形貌的特征，建立腐蚀测量与描述新方法，消除传统点蚀测定方法实施过程中由于研究面积小而存在的主观性、随机性和片面性的弊端，为大量腐蚀试样的对比分析、解析腐蚀与点蚀机理奠定了基础。

2.2 腐蚀形貌提取方法

2.2.1 图像提取位置

实验分析仪器为奥林巴斯 DSX-500 光学数码显微镜，如图 2-1 所示。实验中选取去除过腐蚀产物膜的试样，避开试片切割、处理、迎向流体等特殊位置，最终选择分析位置如图 2-2 所示。

图 2-1　奥林巴斯 DSX-500 光学数码显微镜

2.2.2 图像提取方法

1. 确定放大倍数

所用试片材质为 J55 碳钢，规格为 50mm×10mm×3mm，悬挂孔 $\phi=6$mm，避开试片编号区和悬挂夹持区等特殊位置，试片正、反面的表面积均为

350mm²，分别对试片的同一区域进行不同放大倍数的单视阈扫描和 9 视阈拼接扫描（重叠比为 10%），结果见表 2-1。对试片一个面进行 4 个点的放大倍数分别为 100 倍、200 倍、300 倍、400 倍、600 倍、800 倍 9 视阈的拼接扫描，则扫描的面积分别约占表面积的 66.22%、16.56%、7.36%、4.14%、1.84%、1.04%，远远超出其他方法的研究范围，能够更加全面、准确地反映试片表面的点蚀行为；对比试样在同一位置下不同放大倍数 9 视阈拼图高度图与三维图（图 2-3），放大倍数为 100 倍、200 倍和 300 倍时，均可以满足深度为 200μm 点蚀坑的测量要求，而放大倍数太大，则基准面消失，最大点蚀深度无法实现统一基准测量。同时，48h 内腐蚀深度为 200μm 的点蚀坑对应的点蚀速率达 36.5mm/a，而经文献资料调研，CO_2驱点蚀速率一般在每年几毫米到二十几毫米。考虑表面形貌显示的清晰程度及大视阈扫描研究的目的，故选择放大倍率为 100。

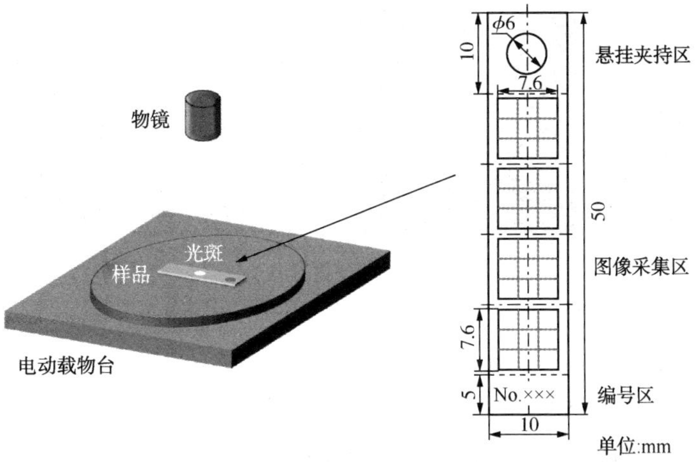

图 2-2　图像采集示意图

表 2-1　不同放大倍数对应的单面扫描面积及占试片表面的比例

放大倍数	9 视阈拼接			最大点蚀深度/μm
	单视阈尺寸/μm×μm	研究面积/mm²	比例/%	
100 倍	7612×7612	231.77	66.22	188.24
200 倍	3806×3806	57.94	16.56	191.32
300 倍	2537×2537	25.75	7.36	189.36
400 倍	1903×1903	14.49	4.14	基准面消失
600 倍	1269×1269	6.44	1.84	基准面消失
800 倍	952×952	3.63	1.04	基准面消失

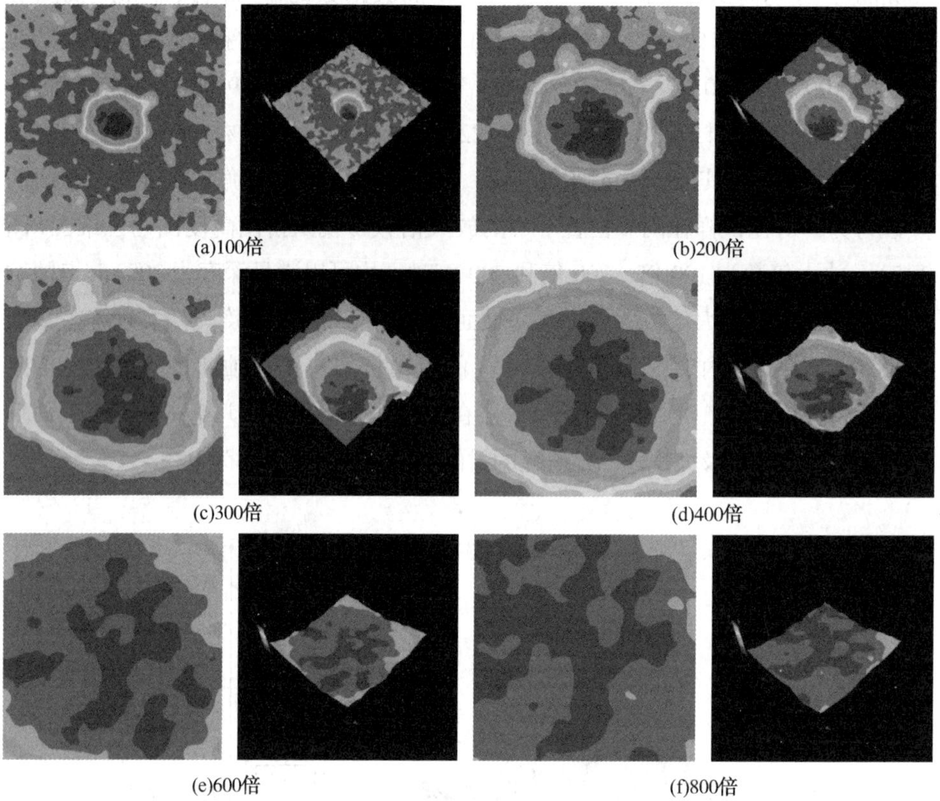

图 2-3　试样在同一位置下不同放大倍数 9 视阈拼图高度图与三维图

2. 确定扫描拼图重合度

奥林巴斯 DSX-500 光学数码显微镜在明场条件下并放大 100 倍，进行相邻视阈拼图，选择不同的重合度，分别为 0、10%、20%、30%、40%和 50%，对比不同重合度的 9 视阈拼图(表 2-2 和图 2-4)，10%重合度的视阈面积为 (7612×7612) μm^2，图像与继续增大重合度后的图像差异很小，且无重合度为 0 时的拼接痕迹，故选择 10%重合度进行 9 视阈拼图。

表 2-2　不同重合度下对应的单面扫描面积及占试片表面积的比例

重合度	视阈面积/μm^2	研究面积/mm^2	占比/%
0	8156×8156	266.08	76.02
10%	7612×7612	231.77	66.22
20%	7069×7069	199.88	57.11
30%	6525×6525	170.30	48.66
40%	5981×5981	143.09	40.88
50%	5437×5437	118.24	33.78

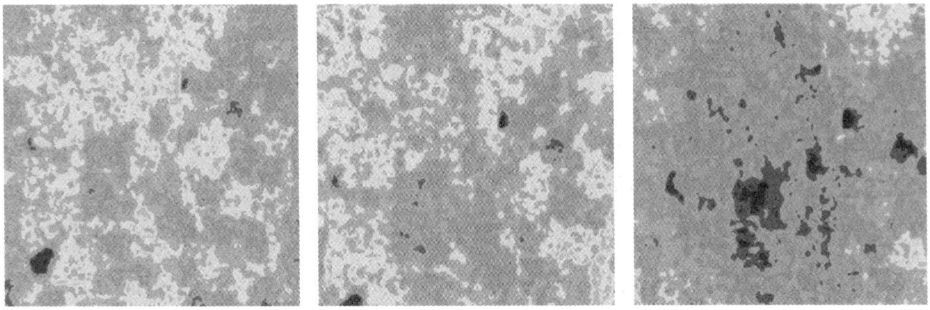

(a)0　(b)10%　(c)20%

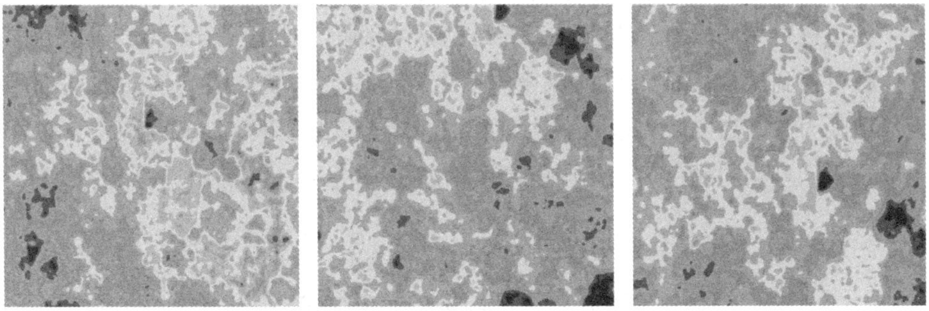

(d)30%　(e)40%　(f)50%

图 2-4　同一位置不同重合度的拼图

2.3　腐蚀图像处理方法

2.3.1　图像表面校正

由于试样放置不平整致使采集到的图像可能出现倾斜和弯曲，影响对腐蚀高度的真实测量。故用奥林巴斯 DSX-500 光学数码显微镜测量系统中的图像校正系统对采集的图像进行倾斜校正和曲面校正。校正前后的图像如图 2-5 所示，校正后的图像更能反映真实的腐蚀形貌。

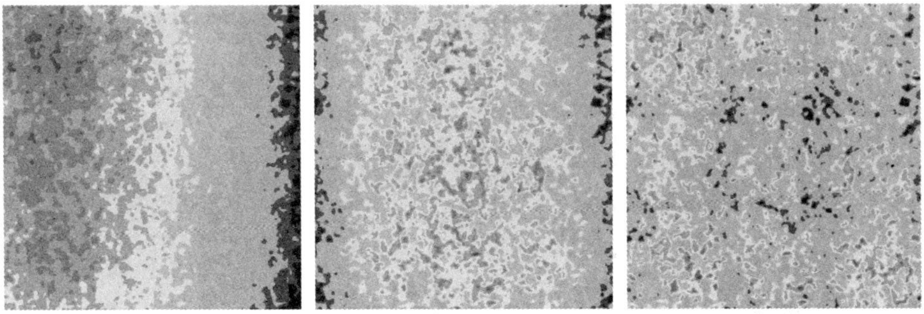

(a)未校正　(b)倾斜校正　(c)曲面校正

图 2-5　校正前后图像对比

2.3.2 腐蚀深度等高面划分

1. 确定基准点

在进行腐蚀图像信息采集时，在相同的 Z 轴范围内采集图像，如图 2-6 中的虚线 1 和虚线 2 所示范围，由于试样表面遭到了腐蚀，基准面被破坏，故在进行图像采集时首先采集试样孔周围未被腐蚀部分的图像(图 2-6 中①点)，记录其 Z 轴方向的高度值，并作为基准。比较其他 4 个采样点 Z 轴方向的高度值，找出最小值。基准高度值与最小值之差即该表面最大腐蚀深度。对试样另一面也进行相同操作，得出该面的最大腐蚀深度。对比两个面的最大腐蚀深度，即可得到试样的最大腐蚀深度。图像保存时，高度上限为该面的基准高度，下限为基准高度减去最大腐蚀深度，这样能够保证试样所有的高度信息都能被录入，且相同颜色代表相同的高度信息。

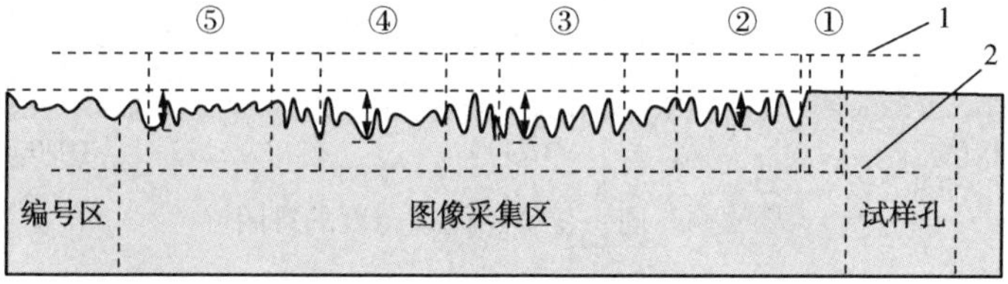

图 2-6 腐蚀基准示意图

2. 划分等高面

使用奥林巴斯 DSX-500 光学数码显微镜中的多阶段色阶对腐蚀深度进行等高线划分，用灰度色阶 Gray8、Gray16、Gray32 划分等高面的结果如图 2-7 所示，用彩色色阶 Rainbow 1、Rainbow 2、Rainbow 8 Zone 和 Rainbow 10 Zone 划分等高面的结果如图 2-8 所示。在各种色阶等高面划分中，彩色色阶 Rainbow 10 Zone 划分等高面的辨识度最高，故采用 Rainbow 10 Zone 划分腐蚀深度等高面。

(a)Gray8 (b)Gray16 (c)Gray32

图 2-7 用灰色色阶划分腐蚀深度等高面结果

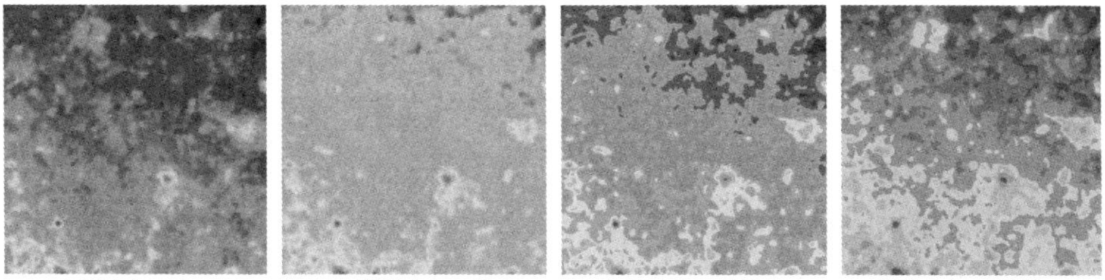

(a)Rainbow 1　(b)Rainbow 2　(c)Rainbow 8 Zone　(d)Rainbow 10 Zone

图 2-8　用彩色色阶划分腐蚀深度等高面结果

2.3.3　腐蚀深度分布提取

用 Rainbow 10 Zone 划分腐蚀等高面，不同颜色代表不同范围的腐蚀深度，十种色阶 RGB 号码见表 2-3。使用 Matlab 软件编写程序，建立图像识别和定量统计程序。根据表 2-3 中每一种颜色的 RGB 值，定义每一种颜色的值。读取每张图片上的像素点的 RGB 值，判断像素点属于哪种颜色。像素点读取和判断完后，计算每一种颜色的像素点占整张图片像素点的百分比。软件依次读取编号为 1~8 的八张图片，最后求平均值，具体代码如下(保留原代码格式)：

```
clear all
clc
a=zeros(10,3);
a=uint8(a);%初始变量
a=[255,0,0;255,127,0;255,177,0;255,255,0;138,255,0;0,255,29;0,183,255;0,66,255;0,0,193;128,0,128];
a1=zeros(10,3);%范围最小值
a1=uint8(a1);
a2=zeros(10,3);%范围最大值
a2=uint8(a2);
emp=zeros(1,3);%储存 RGB 图片的三原色的中间变量
a2(:,:)=a(:,:)+10;
a1(:,:)=a(:,:)-10;
emp11=zeros(10,8);%计算需要的中间变量,求均值
for q=1:8%8 张图的循环
    b=zeros(10,1);
    i=1;
```

```
        j=1;
        ad=num2str(q)
        address=['./', ad, '.bmp'];
    %取地址
    rgb1=imread(address);
    [W1, H1, D1]=size(rgb1);
    for i=1: W1
        for j=1: H1%i j 遍历一张图片横纵像素
            emp(:)=rgb1(i, j, :);
            bb=0;
            for z=1: 10%正常像素比对循环
                if emp(1, 1)>=a1(z, 1)&&emp(1, 2)>=a1(z, 2)&&emp(1, 3)>=a1(z, 3)&&emp(1, 1)<=a2(z, 1)&&emp(1, 2)<=a2(z, 2)&&emp(1, 3)<=a2(z, 3)
                    b(z, 1)=b(z, 1)+1;
                    bb=1;    break;
                end
            end
            if bb==0&&j<H1-1%跳过坏点
                emp(:)=rgb1(i, j+1, :);
                for z=1: 10
                    if emp(1, 1)>=a1(z, 1)&&emp(1, 2)>=a1(z, 2)&&emp(1, 3)>=a1(z, 3)&&emp(1, 1)<=a2(z, 1)&&emp(1, 2)<=a2(z, 2)&&emp(1, 3)<=a2(z, 3)
                        b(z, 1)=b(z, 1)+1;
                        bb=1; break;
                    end
                end
            end
            if bb==0&&j>1%挑坏点
                emp(:)=(rgb1(i, j, :)+rgb1(i, j-1, :))/2;
                for z=1: 10
```

```
                if emp(1, 1) >= a1(z, 1) &&emp(1, 2) >= a1(z, 2) &&emp(1,3) >= a1(z, 3) &&emp(1, 1) <= a2(z, 1) &&emp(1, 2) <= a2(z, 2) &&emp(1, 3) <= a2(z, 3)
                    b(z, 1) = b(z, 1) +1;
                    bb = 1; break;
                end
            end
        end
    end
end
WH = W1 * H1;
biaoshi = [ad, '#'];
ad2 = num2str(q+1);
weizhi = ['A', ad2];
b(:, 1) = b(:, 1). * 100;
xlswrite('.\颜色百分比.xlsx', {'类别', '红', '橙黄', '橘黄', '黄', '浅绿', '绿', '浅蓝', '蓝', '深蓝', '紫', '总和'}, 'sheet1', 'A1');
xlswrite('.\颜色百分比.xlsx', {biaoshi, b(1, 1)/WH, b(2, 1)/WH, b(3, 1)/WH, b(4, 1)/WH, b(5, 1)/WH, b(6, 1)/WH, b(7, 1)/WH, b(8, 1)/WH, b(9, 1)/WH, b(10, 1)/WH, sum(b(:, 1))/WH}, 'sheet1', weizhi);
emp11(:, q) = b(:, 1)./WH;
end
xlswrite('.\颜色百分比.xlsx', {'均值', sum(emp11(1, :))/8, sum(emp11(2, :))/8, sum(emp11(3, :))/8, sum(emp11(4, :))/8, sum(emp11(5, :))/8, sum(emp11(6, :))/8, sum(emp11(7, :))/8, sum(emp11(8, :))/8, sum(emp11(9, :))/8, sum(emp11(10, :))/8}, 'sheet1', 'A10').
```

表 2-3　十种色阶 RGB 号码

号　码										
R	254	255	254	255	138	0	0	0	0	128
G	0	127	177	255	255	255	182	66	0	0
B	0	0	0	0	0	29	255	245	192	128

为验证程序的准确性，使用 Photoshop CS6 绘制分辨率为 2000×2000 的标准色阶卡，保存格式分别为 BMP 格式和 JPG 格式，如图 2-9 所示。表 2-4 为两种格式图片的颜色分布统计结果，BMP 格式图片的辨识分析结果均可达 99%，而 JPG 格式稍低但也在 96%左右。BMP 格式图片每一种颜色的统计值与理论值之间的误差也较小，故腐蚀图像采集时保存为 BMP 格式。

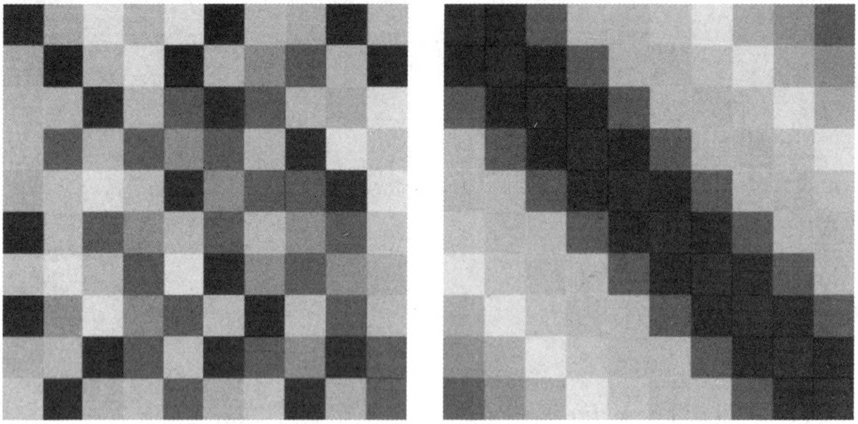

(a)　　　　(b)

图 2-9　分辨率为 2000×2000 的标准色阶卡

表 2-4　两种格式图片的颜色分布统计结果　　单位：%

项　目											总　计
理论值	10	10	10	10	10	10	10	10	10	10	100.00
图 2-9(a)BMP	9.98	10.0	9.93	9.94	9.96	9.96	9.95	9.99	9.93	9.96	99.60
图 2-9(a)JPG	9.96	9.98	9.71	9.59	9.85	9.93	9.58	9.67	9.70	9.66	97.63
理论值	2	4	6	8	10	12	14	16	18	10	100.00
图 2-9(b)BMP	1.99	3.98	5.96	7.95	9.94	11.93	13.97	15.99	17.94	9.98	99.63
图 2-9(b)JPG	1.77	3.97	5.81	7.70	9.80	11.88	13.46	15.53	17.37	9.68	96.97

2.4　腐蚀形貌表征方法验证

2.4.1　标准板制备

依据《金属和合金的腐蚀　点蚀评定方法》(GB/T 18590—2001)，将点蚀标准坑分为 4 类，每一类点蚀坑的尺寸见表 2-5，不同类型点蚀坑在标准板的位置分布如图 2-10 所示，使用不锈钢制作的标准板实物如图 2-11 所示。

表 2-5 不同类型点蚀坑的尺寸

类 型	最大半径/μm	深度/mm	面积/mm^2
一类坑	200	0.200	0.126
二类坑	400	0.400	0.503
三类坑	800	0.800	2.011
四类坑	1600	1.600	8.042

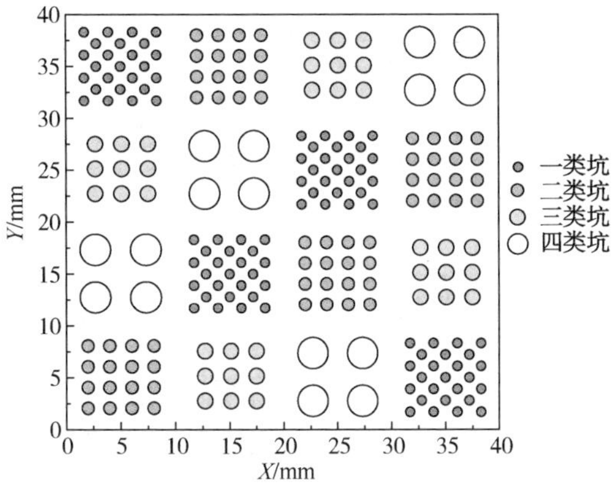

图 2-10 点蚀坑的类别及位置示意图

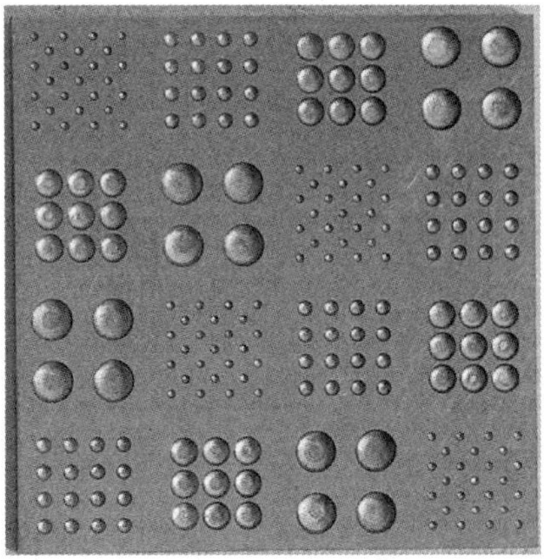

图 2-11 标准板实物图

2.4.2 标准板深度图像提取

依据上述方法，使用奥林巴斯 DSX-500 光学数码显微镜，在明场模式，以及放大 100 倍条件下，采用 9 视阈拼接模式，提取标准板上不同类型，点蚀坑的深度图像，根据不同类型点蚀坑的最大深度划分等高面，即一类坑的深度范围为 0~200μm，二类坑的深度范围为 200~400μm，三类坑的深度范围为 400~800μm，四类坑的深度范围为 800~1600μm。不同类型点蚀坑的深度分布图像如图 2-12 所示。

由图 2-12 可得，不同类型点蚀坑的紫色部分提取结果相对较差，其主要受机械加工精度控制。

2.4.3 标准板深度分布

根据标准板中点蚀坑的尺寸计算标准坑的深度分布。同时，应用 Matlab 软件所编写的程序对不同类型点蚀坑的图像进行分析，并对标准坑深度分布计算值和测量值进行对比。不同类型点蚀坑的截面轨迹方程见表 2-6，深度分布计算值和测量值对比，以及其图像分析结果对比见表 2-7 和图 2-13。

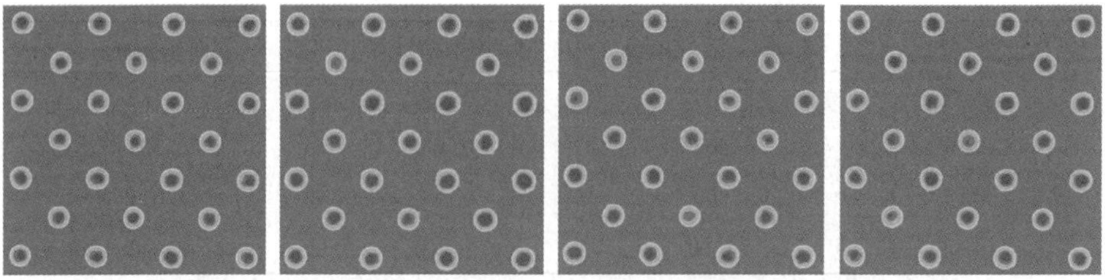

(a)一类坑(最大深度200μm)

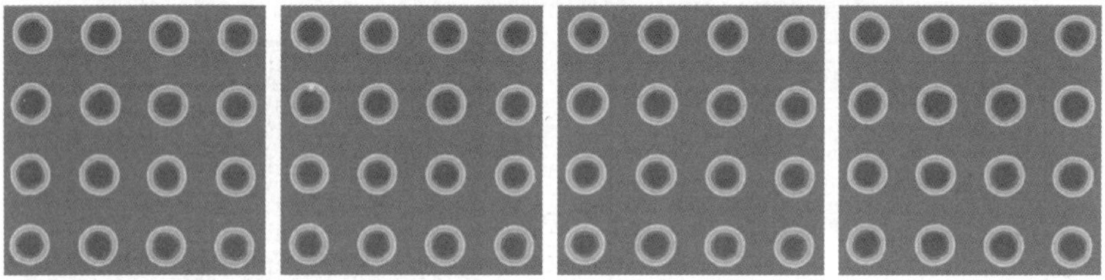

(b)二类坑(最大深度400μm)

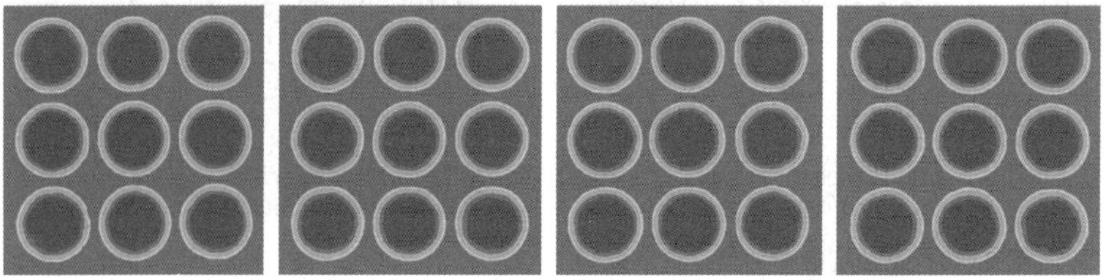

(c)三类坑(最大深度800μm)

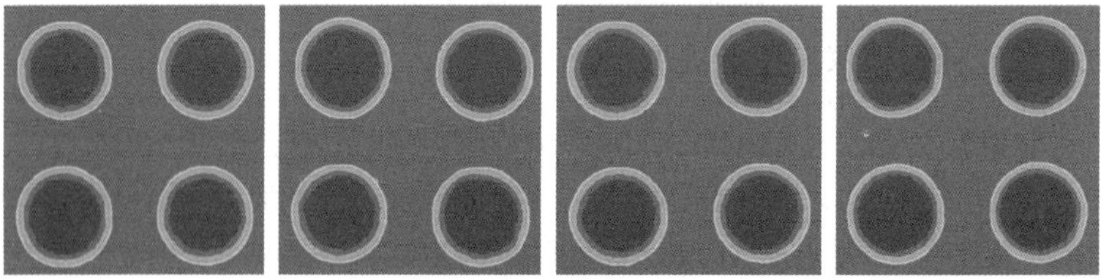

(d)四类坑(最大深度1600μm)

图 2-12　不同类型点蚀坑的深度分布图像(100 倍)

表 2-6　不同类型点蚀坑的截面轨迹方程

类　别	截面轨迹方程
一类坑	$y=4\times10^{-13}x^6-2\times10^{-12}x^5-3\times10^{-8}x^4+1\times10^{-7}x^3+0.0023x^2+0.0386x(-200\leqslant x\leqslant200)$
二类坑	$y=1\times10^{-14}x^6-1\times10^{-12}x^5-3\times10^{-9}x^4+4\times10^{-7}x^3+0.0007x^2-0.0299x(-400\leqslant x\leqslant400)$
三类坑	$y=6\times10^{-16}x^6-6\times10^{-15}x^5-3\times10^{-10}x^4+3\times10^{-8}x^3+0.0002x^2-0.0166x(-800\leqslant x\leqslant800)$
四类坑	$y=1\times10^{-16}x^6-9\times10^{-15}x^5-2\times10^{-10}x^4+4\times10^{-8}x^3+0.0002x^2-0.0396x(-1600\leqslant x\leqslant1600)$

表 2-7　不同类型点蚀坑深度分布计算值和测量值对比　　单位：%

编号	项　目	红	橙黄	橘黄	黄	浅绿	绿	浅蓝	蓝	深蓝	紫	总和
1#	计算值	85.88	0.78	0.59	0.80	1.36	1.73	1.99	2.21	2.23	2.43	100.00
1-1	实测值	85.67	1.42	1.11	1.20	1.54	2.00	2.31	2.46	2.08	0.20	99.99
1-2	实测值	83.71	2.19	1.30	1.22	1.44	1.86	2.29	2.62	2.68	0.69	100.00
1-3	实测值	85.00	1.75	1.23	1.25	1.59	2.02	2.35	2.75	1.83	0.20	99.97
1-4	实测值	84.76	1.85	1.22	1.20	1.47	1.90	2.28	2.68	2.34	0.29	99.99
2#	计算值	70.82	1.27	0.95	1.29	2.38	3.25	3.77	4.50	5.16	6.61	100.00
2-1	实测值	69.70	2.17	1.60	1.77	2.55	3.55	4.33	5.18	6.68	2.46	99.99
2-2	实测值	69.85	2.37	1.67	1.86	2.60	3.47	4.23	4.98	6.69	2.25	99.97
2-3	实测值	69.48	2.33	1.68	1.88	2.70	3.61	4.19	5.10	6.73	2.27	99.97
2-4	实测值	69.33	2.38	1.61	1.72	2.40	3.35	4.12	4.90	5.94	4.22	99.97
3#	计算值	43.54	2.39	1.60	1.75	2.51	3.81	5.45	7.74	10.94	20.26	99.99
3-1	实测值	43.23	2.44	1.71	1.90	2.75	4.09	5.73	8.31	11.64	18.18	99.98
3-2	实测值	44.05	2.43	1.74	1.94	2.83	4.24	5.89	8.94	11.91	16.01	99.98
3-3	实测值	43.37	2.27	1.64	1.79	2.56	3.99	5.69	8.30	12.22	18.15	99.98
3-4	实测值	43.04	2.56	1.75	1.93	2.81	4.17	5.99	8.49	12.27	16.96	99.97
4#	计算值	56.78	1.78	1.20	1.22	1.60	2.56	4.17	6.07	8.72	15.89	99.99
4-1	实测值	56.51	1.26	0.87	0.91	1.31	2.67	4.50	6.37	9.13	16.44	99.97
4-2	实测值	56.29	1.25	0.87	0.90	1.29	2.60	4.49	6.48	9.67	16.15	99.99
4-3	实测值	56.81	1.27	0.87	0.91	1.29	2.49	4.34	6.31	9.14	16.56	99.99
4-4	实测值	56.57	1.06	0.82	0.89	1.32	2.67	4.41	6.27	9.42	16.55	99.98

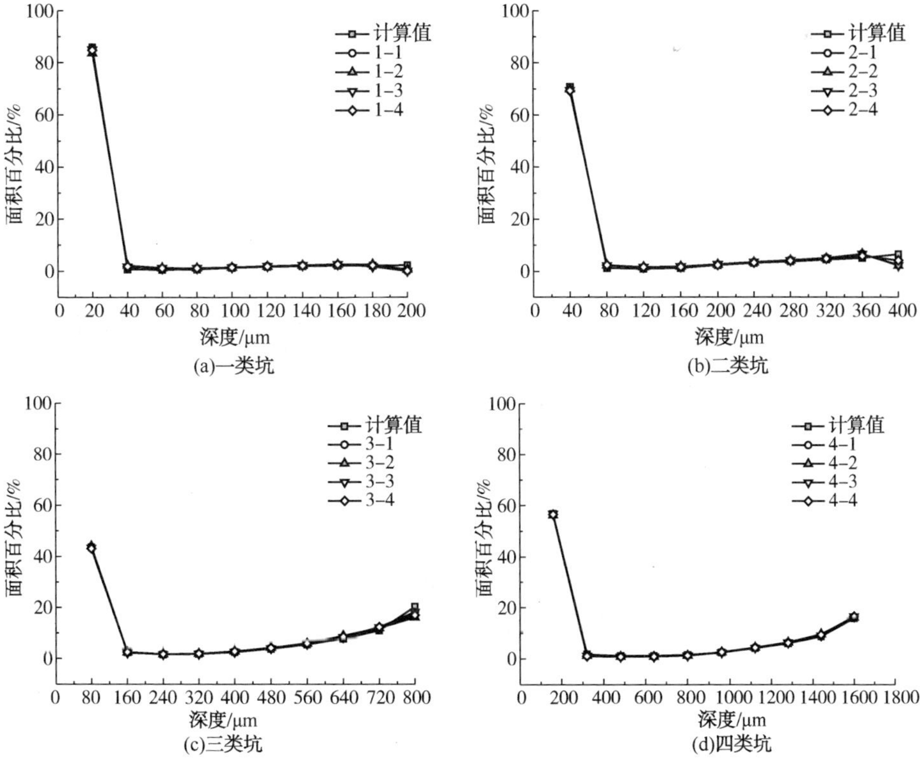

图 2-13　不同类型点蚀坑深度分布计算值和测量值对比图

由表 2-7 和图 2-13 可知，不同类型点蚀坑深度分布测量值和计算值之间的差异不大，差异最大部分为紫色部分，其主要是由机械加工精度造成的。因此，该测量方法适用于腐蚀深度测量，且精度能够满足要求。

2.5 腐蚀形貌定量表征方法

图 2-14 为 CO_2腐蚀后试片表面腐蚀深度图像，测试条件为：在明场(BF)模式下，以多图拼接模式进行 9 视阈拼接的 3D 图像采集，设置 3D 图像 *Z* 轴方向的上、下限，保证最深的腐蚀坑能够完全显示。然后通过“显示”→“色表”→“Rainbow10 Zone”将腐蚀表面按照相同的深度范围划分为 10 种颜色，即一种颜色代表一定的腐蚀坑深度范围。将图像转换为 2D 图像，保存为 BMP 格式输出。再用图像分析软件提取图像中不同颜色区域面积占总图像面积的百分比，即可得到腐蚀表面上不同腐蚀深度所占的百分比。最后，使用 Origin 9.0 软件对统计数据进行统计、分析。图 2-15 为 CO_2腐蚀后试片表面不同位置腐蚀深度 9 视阈拼接图 3D 图转成的 2D 图。图 2-16 为 CO_2腐蚀后试片表面腐蚀深度频率密度分布图。

(a)腐蚀形貌图

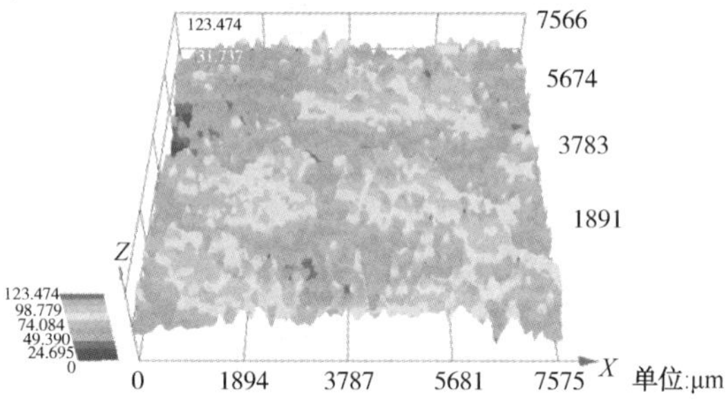

(b)腐蚀形貌3D等高图

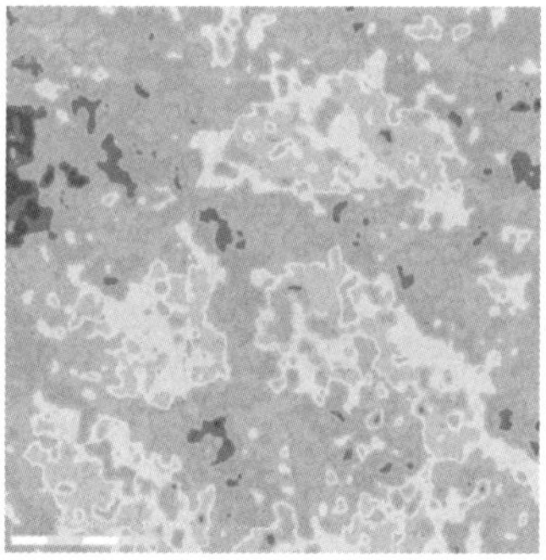

(c)腐蚀形貌2D等高图

图 2-14　CO_2腐蚀后试片表面腐蚀深度图像

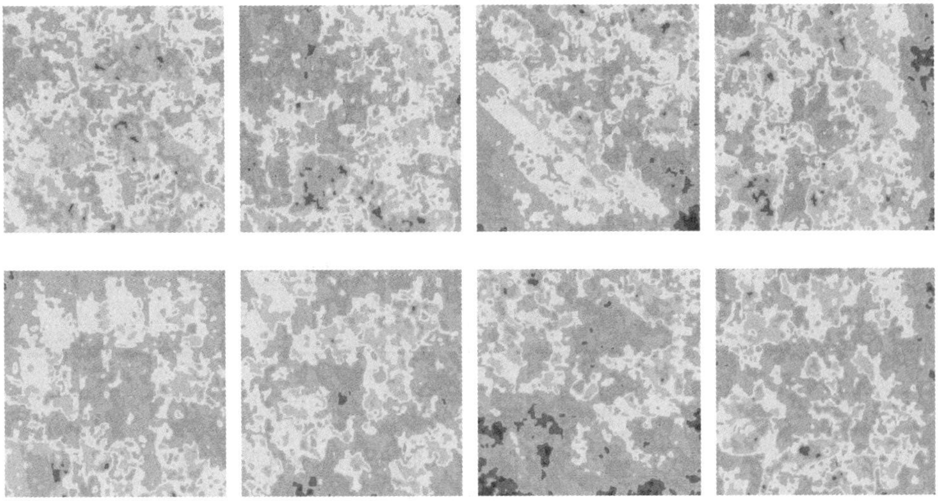

图 2-15　CO_2腐蚀后试片表面不同位置腐蚀深度 9 视阈拼接图 3D 图转成的 2D 图(100 倍)

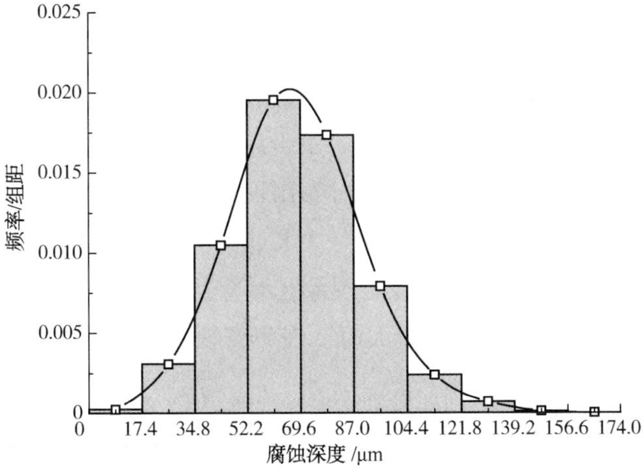

图 2-16　CO_2腐蚀后试片表面腐蚀深度频率密度分布图

实际上，图 2-16 为图 2-15 中由各张图中不同颜色区域面积占整张图面积百分比的平均值所绘制的腐蚀深度频率密度分布图。频率密度分布曲线呈现中间大两头小、左右对称的钟形分布特征，具有典型的高斯分布特征。

表 2-8 为利用 Origin 9.0 软件中高斯模型对图 2-16 中曲线的拟合参数结果，相关系数为 0.9984。由腐蚀深度分布的物理意义可得，式(2-1)中的 $y_0=0$，$A=1$。

$$y = y_0 + \frac{A}{w\sqrt{\pi/2}} e^{-2\frac{(x-x_c)^2}{w^2}} \tag{2-1}$$

式中 y——概率密度函数；

y_0——y 补偿值，$y_0=0$；

A——曲线与 X 轴围成的面积，$A=1$；

x——腐蚀深度，μm；

x_c——期望值，μm；

w——标准差的 2 倍。

期望值 x_c 决定了分布曲线的位置，w 决定了分布曲线的幅度。

表 2-8 高斯模型拟合方程参数结果

参 数	含 义	拟合结果
x_c	腐蚀深度期望值，表征平均腐蚀速率	67.189
w	标准差的 2 倍，影响频率密度分布曲线形状，反映腐蚀形态	42.617
R^2	相关系数	0.9984

腐蚀深度期望值 x_c 即腐蚀深度的平均值，平均腐蚀深度与腐蚀时间的比值即平均腐蚀速率，故参数 x_c 可表征金属的平均腐蚀速率。w 决定了分布曲线的幅度，w 越小，说明腐蚀深度越集中，腐蚀形态为均匀腐蚀，w 越大，说明腐蚀深度越分散，腐蚀形态为局部腐蚀。由于深度较深的点蚀坑较少，占整个试样的面积小，导致腐蚀深度频率密度分布出现拖尾现象，单纯用 w 无法准确表征金属表面的点蚀现象。因此，引入最大腐蚀深度 h_{max} 与 x_c 的差值来表征拖尾的程度。h_{max} 与 x_c 的差值越大，拖尾现象越严重；h_{max} 与 x_c 的差值越小，拖尾现象越轻微。w 小、h_{max} 与 x_c 差值大时，表明腐蚀深度集中，小部分区域遭受了强烈的腐蚀，故腐蚀形态为点蚀；w 小、h_{max} 与 x_c 差值小时，表明腐蚀深度集中，金属表面不存在点蚀坑，故腐蚀形态为均匀腐蚀；w 大、h_{max} 与 x_c 差值大时，表明腐蚀深度分散，小部分区域遭受了强烈的腐蚀，故腐蚀同时存在均匀腐蚀和点蚀；w 大、h_{max} 与 x_c 差值小时，表明腐蚀深度分散，金属表面不存在点蚀坑，故腐蚀形态为局部腐蚀。

2.6 本章小结

在传统点蚀测定方法实施过程中，由于研究面积小而存在主观性、随机性和片面性等弊端，本章利用全自动三维显微成像系统提取腐蚀试片的深度图像信息，结合对应试样的腐蚀基准高度和平均腐蚀速率结果，利用 Matlab 软件和 Origin 软件对腐蚀图像进行识别、定量统计和拟合，分析出三维腐蚀形貌的特征，建立点蚀测量与描述新方法，并对新方法进行验证。根据腐蚀深度分布确立了腐蚀形貌定量表征方法。主要得到以下结论：

（1）确定了奥林巴斯 DSX-500 光学数码显微镜提取腐蚀试片表面腐蚀深度图像的观察条件。具体为：在明场模式下，进行 9 视阈拼接图像采集，放大倍数为 100 倍，图像重合度为 10%。试片正、反面分别采集 4 个点，运用该方法的研究面积为 231.77mm^2，占试片表面积的 66.22%，远远大于其他方法的研究面积，消除了传统点蚀研究过程中存在的主观性、随机性和片面性的弊端。

（2）确定了腐蚀图像处理和保存方法。首先使用奥林巴斯 DSX-500 光学数码显微镜对采集到的腐蚀图像进行倾斜校正和曲面校正，并使用辨识度最高的 Rainbow10 Zone 模式对 3D 图像进行等高面划分。然后参照腐蚀基准面调整各个图像采集点的腐蚀深度，使得不同采集点图像中同一种颜色代表相同的腐蚀深度范围，最后将腐蚀图像保存为像素信息保留较为完整的 BMP 格式图像。

（3）使用 Matlab 软件编写图像识别程序，并用 Photoshop CS6 绘制分辨率为 2000×2000 的标准色阶卡进行程序验证，图像识别率能够达到甚至超过 99%，误差不超过 0.1%。

（4）对建立的腐蚀图像采集和处理的新方法进行了验证。根据《金属和合金的腐蚀　点蚀评定方法》(GB/T 18590—2001) 中点蚀坑的划分参数制作点蚀坑标准板，使用点蚀测量新方法对标准板中不同类型的点蚀坑进行分析，不同类型点蚀坑的深度分布分析结果与计算结果接近，说明该方法适用于点蚀深度分布分析。

（5）确定了腐蚀形貌定量表征方法。点蚀坑深度的频率密度分布曲线呈钟形，具有典型的正态分布特征，利用 Origin 9.0 软件中的高斯模型进行拟合，相关系数 R^2 为 0.9984，参数 x_c 与 w 能够反映腐蚀的形貌信息。同时，引入了最大腐蚀深度 h_{max} 与 x_c 的差值来表征拖尾的程度。根据参数 w 的大小和腐蚀深度频率密度分布曲线的拖尾程度表征腐蚀形态。

第3章 CO_2-EOR体系因素对J55碳钢点蚀影响机理

3.1 前言

油气田生产过程中一直受CO_2腐蚀的困扰，CO_2腐蚀的过程受到环境（CO_2分压、温度、流速等）、介质（溶解氧、硫化氢、矿化度等）及材料等多种因素影响。国内外对体系因素影响水相中CO_2腐蚀的研究较多，并得到了一些影响规律和腐蚀机理。他们普遍认为决定腐蚀速率和腐蚀形态的是腐蚀过程中材料表面腐蚀产物膜的致密程度，并研究了各种因素对腐蚀产物膜特性的影响。林冠发等在高温高压反应釜中研究了温度对N80碳钢、J55碳钢和P110钢CO_2腐蚀产物膜的厚度和平均晶粒大小的影响规律。高纯良等研究了流速对N80碳钢的CO_2腐蚀行为，结果表明流速显著增加了局部腐蚀。龙凤乐等研究了温度、CO_2分压、流速、pH值对X65钢CO_2均匀腐蚀速率的影响规律。陈长风等测试了N80碳钢CO_2腐蚀产物膜力学性能，结果表明腐蚀产物膜的弹性模量与硬度从内到外逐渐降低，内层膜与基体的黏附力要明显高于外层膜与内层膜的黏附力。腐蚀产物膜内应力可以导致外层膜破裂。在体系因素对CO_2腐蚀机理影响方面主要形成以下认识：温度通过影响腐蚀产物膜的致密程度来影响腐蚀速率；CO_2分压通过影响体系pH值来影响腐蚀产物膜的特性，进而影响腐蚀速率；流速通过冲刷作用影响腐蚀产物的形态。以上研究都只是纯水相体系中的CO_2腐蚀，忽略了原油对CO_2腐蚀的影响。众所周知，在油田实际生产中，腐蚀介质一般都是油、气、水等多相混合流体，原油同样也是影响管材CO_2腐蚀的主要因素之一。大多数学者认为原油对金属材料的腐蚀具有一定的缓蚀作用，缓蚀作用与原油组分、金属材料表面性质、油水比例和乳化程度有关。也有研究人员认为原油在降低腐蚀速率的同时引起了局部腐蚀。目前，油田腐蚀评价和管材选择方面的研究工作还是很少考虑原油的影响，导致评价结果夸大了 CO_2的腐蚀程度和破坏能力，造成大量的资金和资源浪费。同时，在腐蚀评价过程中也只考虑平均腐蚀速率，而不考虑造成穿孔的点蚀。

因此，本章采用高温高压动态腐蚀模拟实验研究原油含水率、温度、流速、CO_2分压、矿化度、流速、腐蚀时间和乳化程度等因素对 J55 碳钢平均腐蚀速率和点蚀的影响规律，利用 SEM 观察腐蚀后样品表面微观形貌，利用 EDS 分析其元素组成和利用 XRD 分析腐蚀产物组成，并应用第 2 章建立的方法描述点蚀与腐蚀之间的关系，揭示原油存在时的产物膜特性与腐蚀行为之间的关系。

3.2　仪器与试剂

主要实验仪器见表 3-1，主要试剂见表 3-2。

表 3-1　主要仪器

仪　器	生产厂家
Sartorius BSA224S 电子天平	赛多利斯科学仪器（北京）有限公司
PARR-4578 高温高压反应釜	美国 PARR 公司
奥林巴斯 DSX-500 光学数码显微镜	日本奥林巴斯公司
Quanta 600FEG 扫描电子显微镜	美国 FEI
INCA x-act 能谱分析仪	英国牛津仪器公司
Bruker D8 X-射线衍射仪	德国 Bruker 公司

表 3-2　主要试剂

主要试剂	规　格	生产厂家
氯化钠	分析纯	天津市河东区红岩试剂厂
盐酸		
碳酸氢钠		
无水硫酸钠		
石油醚		
无水乙醇		
六亚甲基四胺		
无水氯化钙		
六水氯化镁		郑州派尼化学试剂厂
乳化剂 OP-10		天津市天力化学试剂有限公司

3.3 实验方法

3.3.1 实验材料及腐蚀介质

1. 试片的成分及规格

实验试片选用与陕北某地区现场油管管材相同的J55碳钢，形状为有孔的长方体，规格为50mm×10mm×3mm，$\phi=6mm$，其成分见表3-3。

表3-3 J55碳钢的化学成分 单位:%

元素	C	Si	Mn	P	S	Cr	Ni	Cu	Fe
含量	0.34~0.39	0.2~0.35	1.25~1.5	≤0.020	≤0.015	≤0.15	≤0.20	≤0.20	余量

J55碳钢试片尺寸及金相组织如图3-1所示，J55碳钢的金相组织主要为珠光体和铁素体。

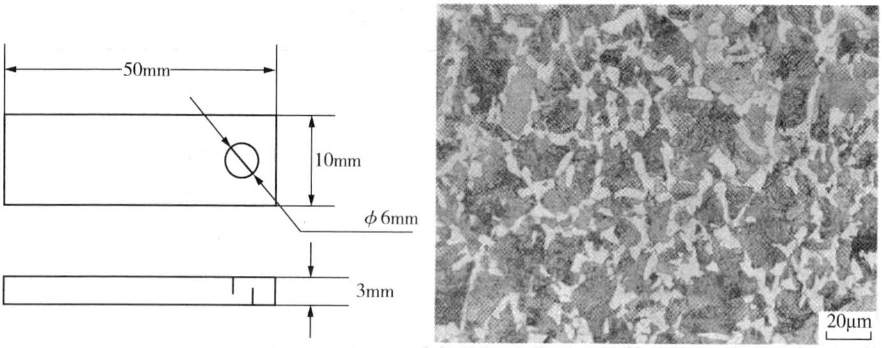

图3-1 J55碳钢试片尺寸及金相组织

2. 模拟采出水

根据陕北某地区采出水水质组成分析结果，配制模拟采出水。陕北某地区采出水分析结果见表3-4。

表3-4 陕北某地区采出水分析结果

样品分析项目	Y27-101	Y27-103	Y27-105	Y29-101	Y29-103	平均值
pH值	6.78	6.71	7.10	6.58	6.73	6.78
Cl^-/(mg/L)	27229	26038	6321	19826	19584	19799.6
HCO_3^-/(mg/L)	176	144	137	153	173	156.6

续表

样品分析项目	Y27-101	Y27-103	Y27-105	Y29-101	Y29-103	平均值
CO_3^{2-}/(mg/L)	未检出	未检出	未检出	未检出	未检出	未检出
SO_4^{2-}/(mg/L)	1441	937	1153	1177	1023	1146.2
总 Fe/(mg/L)	未检出	0.27	未检出	未检出	未检出	0.05
Ca^{2+}/(mg/L)	7776	4574	1127	4492	5232	4640.2
Mg^{2+}/(mg/L)	161	1974	120	752	627	726.8
Ba^{2+}/(mg/L)	未检出	未检出	未检出	未检出	未检出	未检出
Sr^{2+}/(mg/L)	未检出	未检出	未检出	未检出	未检出	未检出
$\sum Na^++K^+$/(mg/L)	9123	8409	3184	6905	6453	6814.8
矿化度/(mg/L)	45906	42086.27	12042	33305	33092	33286.3
水型	氯化钙	氯化钙	氯化钙	氯化钙	氯化钙	氯化钙

根据水质分析结果，后续实验中使用的不同矿化度的模拟水均按照 NaCl ∶ $CaCl_2$ ∶ $MgCl_2$ ∶ Na_2SO_4 ∶ $NaHCO_3$ 的质量比为 55.84 ∶ 41.45 ∶ 1.78 ∶ 0.74 ∶ 0.19 配制。

3. 原油

实验中使用的原油为陕北某地区的原油，原油性质见表 3-5。

表 3-5　陕北某地区原油性质

项　目	沥青质/%	蜡/%	胶质/%	硫/%	酸值/(mg KOH/g)	65℃黏度/(mm^2/s)
含　量	0.60	12.86	2.31	0.08	0.107	7.254

3.3.2　测定平均腐蚀速率

采用失重法测定平均腐蚀速率，即把已知质量和尺寸规格的金属试片放入腐蚀介质中，在要求的实验条件下经过一定时间后取出，清洗并处理试片表面后称重，利用试片腐蚀前后的质量变化与实验时间的关系计算平均腐蚀速率[式(3-1)]。实验前，试片需经过脱脂和脱水处理，并干燥至恒重(精确至 0.0001g)后方可使用。

在 PARR-4578 高温高压反应釜(图 3-2)中进行失重法腐蚀实验，腐蚀实验流程示意图如图 3-3 所示。PARR-4578 高温高压反应釜最大压力为

34.5MPa，最高温度为500℃，最高转速为1600r/min，完全可以模拟陕北某地区不同井深条件。在高温高压反应釜中加入腐蚀介质，在0.5MPa压力下，用小气量氮气吹扫釜中混合液中的溶解氧120min，再在1MPa压力下通入高纯CO_2 30min置换其中的氮气，最后升温至实验温度，用高纯CO_2或者N_2加压至实验压力，并设置与实验要求流速相对应的转速。

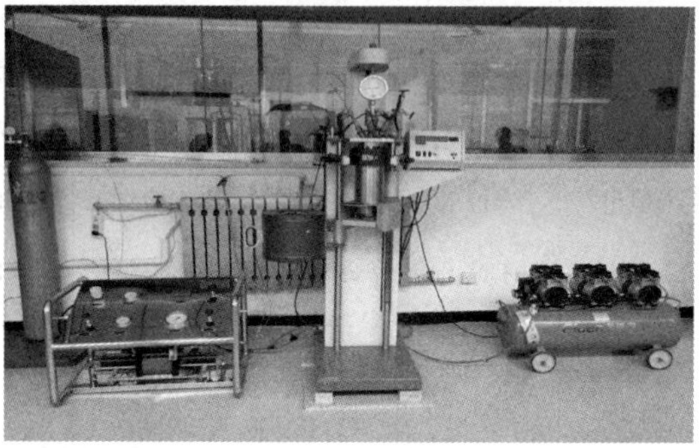

图3-2　PARR-4578高温高压反应釜

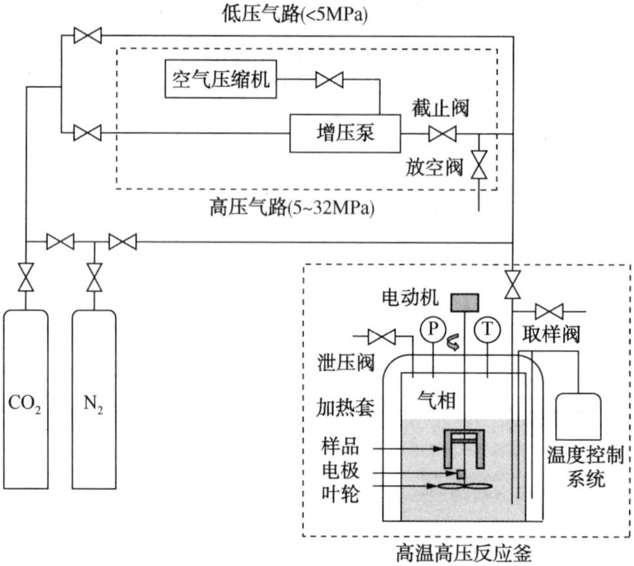

图3-3　腐蚀实验流程示意图

当腐蚀时间达到实验要求时，首先从反应釜中取出试片，观察腐蚀情况并进行描述，立即用清水或石油醚(沸程60~90℃)冲洗掉腐蚀介质，再用无水乙醇清洗，冷风吹干。对试片表面进行腐蚀形貌表征和对腐蚀产物进行分析。然后将试片放入酸清洗液中浸泡1min，去除试片表面的腐蚀产物，干燥至恒重(精确至0.0001g)并计算平均腐蚀速率。酸清洗液的配制方法见表3-6。

表 3-6 酸清洗液配制方法

溶 液	时间/min	使用温度
取盐酸 100mL、六亚甲基四胺 3.5g，用水稀释到 1000mL	1	室温

平均腐蚀速率 r_{corr} 计算公式如下：

$$r_{corr} = \frac{8.76 \times 10^4 \times (m - m_t)}{S \times t \times \rho} \tag{3-1}$$

式中 r_{corr}——平均腐蚀速率，mm/a；

m——实验前的试片质量，g；

m_t——实验后的试片质量，g；

S——试片的总面积，cm^2；

ρ——试片材料的密度，g/cm^3；

t——实验时间，h。

3.3.3 腐蚀形貌及腐蚀产物的表征分析

实验结束后，先用石油醚清洗试片表面的原油，再用无水乙醇清洗，冷风吹干。使用扫描电子显微镜观察腐蚀后试片表面腐蚀产物膜的微观结构，并用能谱分析仪分析腐蚀产物的元素组成。在放大 100 倍条件下观察腐蚀形貌和进行 EDS 面扫描，在 2000 倍条件下观察腐蚀产物中晶粒的形状及堆垛形式。腐蚀产物的组成用 Bruker D8 X-射线衍射仪分析。表面腐蚀形貌及腐蚀产物表征完成后，进行试片酸洗处理。

3.3.4 最大腐蚀深度及腐蚀深度分布测量方法

依据第 2 章建立的材料表面腐蚀形貌测量和点蚀定量描述新方法，使用奥林巴斯 DSX-500 光学数码显微镜的明场模式，在放大 100 倍，重合度为 10% 的 9 视阈拼接条件下，提取去除腐蚀产物膜后的试片表面腐蚀深度分布图像。以未腐蚀部分为基准，计算出最大腐蚀深度。先利用 Matlab 软件编写图像识别程序并计算出腐蚀深度的分布情况，再利用 Origin 9.0 软件中的高斯函数模型进行拟合，得出腐蚀形貌特征参数。

3.3.5 点蚀系数测量方法

点蚀系数的定义：最大蚀孔深度 h_{max} 与按照平均腐蚀速率计算的平均腐蚀深度 h 的比率。点蚀系数越大，表明点蚀程度越严重。

3.4 体系因素对油管点蚀规律的影响

3.4.1 含水率的影响

1. 平均腐蚀速率

图 3-4 为 J55 碳钢在 CO_2分压为 9MPa、温度为 65℃、模拟水矿化度为 33000mg/L、流速为 0.5m/s、腐蚀时间为 48h 的条件下，不同含水率采出液腐蚀后的试片形貌。图 3-5 展示了不同含水率时 J55 碳钢的平均腐蚀速率。

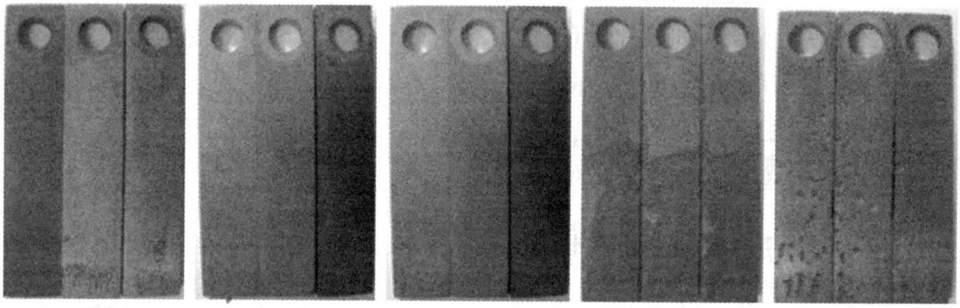

(a)原油　(b)30%　(c)50%　(d)70%　(e)100%

图 3-4　不同含水率下 CO_2/原油/盐水体系下 J55 碳钢腐蚀后的试片形貌(酸洗后)

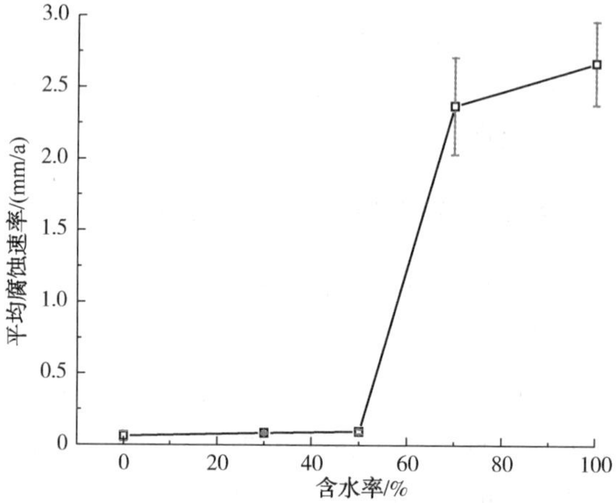

图 3-5　含水率对 CO_2/原油/盐水体系下 J55 碳钢平均腐蚀速率的影响

由图 3-4 和图 3-5 可知：J55 碳钢在 CO_2/原油/盐水体系中的腐蚀形态随着含水率的增加而变化。当含水率在 0~50%时，呈现均匀腐蚀形态；当含水率为 70%时，出现台地腐蚀。当腐蚀介质为 CO_2/盐水时，腐蚀形态为点蚀。当含水率低于 50%时，腐蚀速率增加缓慢，且低于 0.1mm/a，当含水率高于 50%以后，腐蚀速率急剧增加。当含水率达到 100%时，腐蚀速率高达 2.669mm/a。

2. 腐蚀产物膜微观形貌特征分析

图 3-6 为不同含水率下 CO_2/原油/盐水体系下 J55 碳钢表面腐蚀产物膜的微观形貌图。由图 3-6(a)~图 3-6(j)可得，当含水率为 0~50%时，腐蚀产物较少。当含水率为 70%~100%时，腐蚀产物膜较为致密。当含水率为 0(纯原油)时，腐蚀产物膜不能完全覆盖试片表面[图 3-6(f)]。当含水率为 30%时，腐蚀产物膜上出现孔洞缺陷[图 3-6(g)]。当含水率为 50%时，腐蚀产物膜分为两层，内层由颗粒较小的晶体组成，外层由颗粒较大的晶体组成，且外层不完整[图 3-6(h)]，含水率继续增大，外层腐蚀产物呈胞状堆垛，有大量的孔隙[图 3-6(i)]。当腐蚀介质为 CO_2/盐水时，腐蚀产物呈球状颗粒堆垛，堆垛不紧密[图 3-6(j)]，腐蚀性离子容易穿过腐蚀产物膜，故会出现点蚀。

3. 腐蚀产物膜成分分析

表 3-7 为图 3-6(a)~图 3-6(e)的面扫描能谱分析结果。含水率为 0~30%时，在试片表面发现组成基体的 Mn 元素，说明此时腐蚀产物膜较少，不能完全覆盖 J55 碳钢表面。含水率增加至 70%时，腐蚀产物中出现了 Ca 元素，说明腐蚀产物层中出现了 $CaCO_3$。腐蚀产物中均有 Cl 元素，且 Cl 元素含量随着含水率的增加而增加，说明随着含水率的增加点蚀趋势逐渐增加。

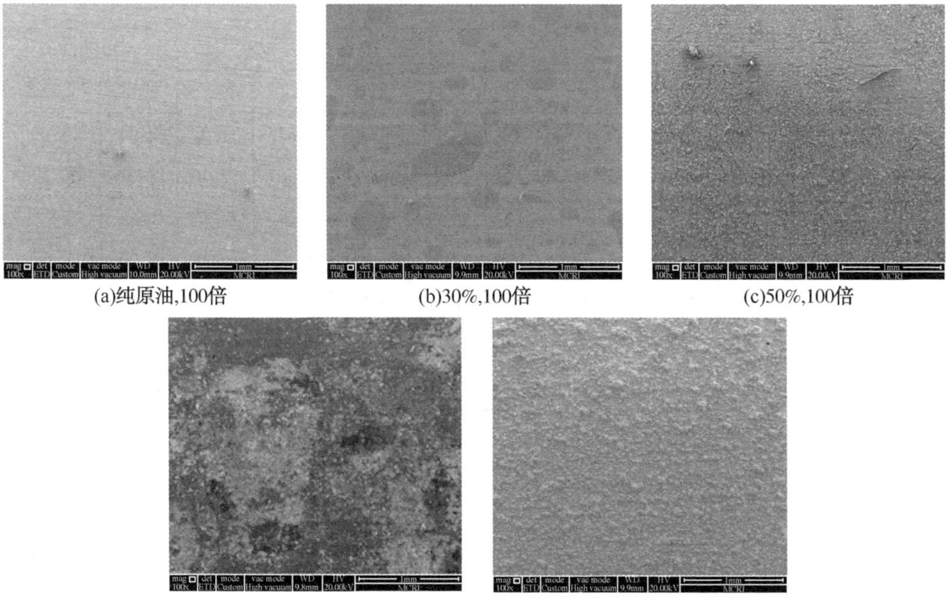

(a)纯原油,100倍　(b)30%,100倍　(c)50%,100倍

(d)70%,100倍　(e)100%,100倍

图 3-6　不同含水率下 CO_2/原油/盐水体系下 J55 碳钢表面腐蚀产物膜的微观形貌图

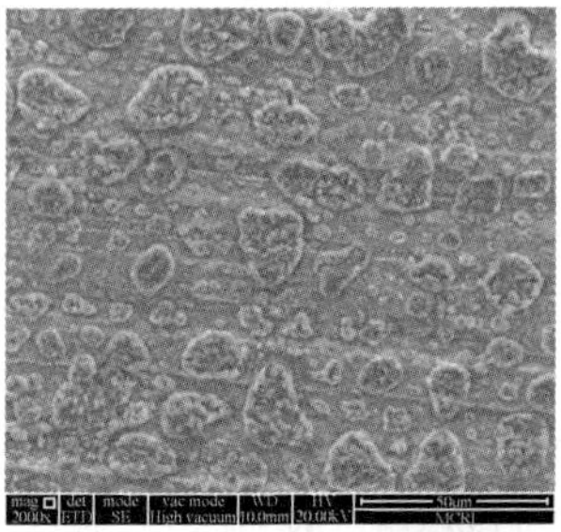

(f)纯原油,2000倍

(g)30%,2000倍

(h)50%,2000倍

(i)70%,2000倍

(j)100%,2000倍

图 3-6　不同含水率下 CO_2/原油/盐水体系下 J55 碳钢表面腐蚀产物膜的微观形貌图(续)

表 3-7　不同含水率下 CO_2/原油/盐水体系下 J55 碳钢表面腐蚀产物膜能谱分析结果

单位:%

元素	含水率									
	0		30		50		70		100	
	质量	原子	质量	原子	质量	原子	质量	原子	质量	原子
C	14.68	29.06	40.46	60.61	22.64	40.81	18.25	31.02	8.94	15.99
O	32.53	48.35	25.08	28.21	30.13	40.77	41.07	52.40	49.36	66.21
Cl	0.33	0.22	0.36	0.19	0.47	0.29	1.34	0.77	1.43	0.87
Ca	—	—	—	—	—	—	9.99	5.09	9.00	4.83
Mn	0.81	0.35	0.73	0.24	0.77	0.30	—	—	—	—
Fe	51.25	21.82	33.33	10.74	45.98	17.82	29.35	10.72	30.83	11.82
S	0.06	0.04	0.04	0.02	0.01	0.00	—	—	0.44	0.29

4. 腐蚀深度分布

图 3-7 为不同含水率下 CO_2/原油/盐水体系下 J55 碳钢腐蚀深度频率密度分布图。表 3-8 为不同含水率下 CO_2/原油/盐水体系下 J55 碳钢腐蚀特征参数表。表 3-9 为不同含水率下 CO_2/原油/盐水体系下 J55 碳钢腐蚀深度频率密度分布曲线高斯模型拟合方差分析表。

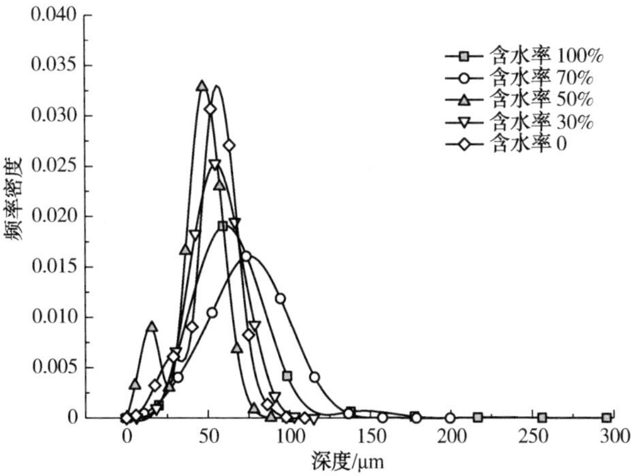

图 3-7　不同含水率下 CO_2/原油/盐水体系下 J55 碳钢腐蚀深度频率密度分布图

表 3-8　不同含水率下 CO_2/原油/盐水体系下 J55 碳钢腐蚀特征参数

含水率/%	平均腐蚀速率/(mm/a)	最大腐蚀深度/μm	x_c/μm	w	$(h_{max}-x_c)$/μm
0	0. 0626	114. 336	56. 491	23. 813	57. 845
30	0. 0859	120. 972	55. 599	31. 517	65. 373
50	0. 0956	103. 629	48. 408	23. 893	55. 221
70	2. 3697	209. 369	74. 749	49. 779	134. 620
100	2. 6690	393. 596	64. 249	39. 828	329. 347

表 3-9　不同含水率下 CO_2/原油/盐水体系下 J55 碳钢
腐蚀深度频率密度分布曲线高斯模型拟合方差分析

项目		自由度	离差平方和	均方	F	$Prob>F$
整体	回归	10	0. 00613	0. 000613	165. 51279	0
	残差	45	0. 000167	0. 00000371		
	未修正的合计	55	0. 0063			
	修正的合计	50	0. 00392			

由图 3-7 可得，含水率为 0~50%时，腐蚀深度频率密度分布曲线跨度小且尾部短，故腐蚀形态为均匀腐蚀。含水率为 70%时，腐蚀深度频率密度分布曲线跨度人(w 为 49. 779)且尾部长($h_{max}-x_c$为 134. 620μm)，故腐蚀形态为局部腐蚀。含水率为 100%时，腐蚀深度频率密度分布曲线跨度小、尾部更长($h_{max}-x_c$为 329. 347μm)，故腐蚀形态为点蚀。由表 3-9 中 $Prob>F$ 小于 0. 01，说明图 3-7 中腐蚀深度频率密度分布曲线符合高斯分布。

5. 最大腐蚀深度及点蚀系数

图 3-8 展示了含水率对 CO_2/原油/盐水体系下 J55 碳钢最大腐蚀深度和点蚀系数的影响。当含水率为 0~50%时，最大腐蚀深度和点蚀系数变化都不大，主要原因为此时腐蚀介质为油包水乳液，原油能够在 J55 碳钢表面润湿和铺展，体现出很强的保护作用。当含水率继续上升时，最大腐蚀深度和点蚀系数迅速增大。随着含水率的上升，腐蚀介质由油包水乳液逐渐转变为水包油乳液，原油对 J55 碳钢表面的保护作用逐渐减弱，故出现强烈的局部腐蚀。

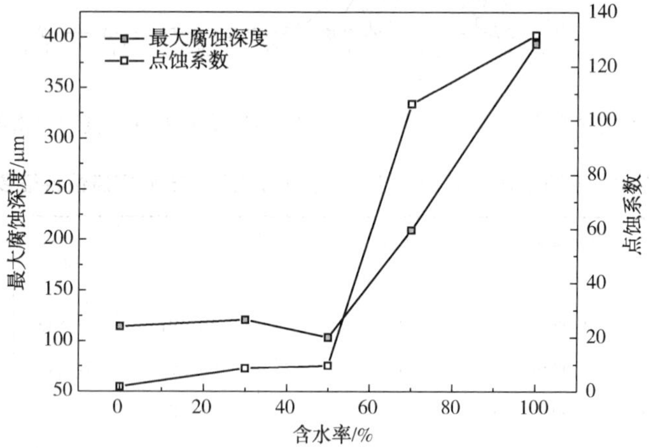

图 3-8 含水率对 CO_2/原油/盐水体系下 J55 碳钢最大腐蚀深度和点蚀系数的影响

6. 不同含水率下的 CO_2/原油/盐水体系腐蚀机理模型

在温度 65℃、CO_2分压 9MPa、流速 0.5m/s 条件下，当腐蚀介质中原油含水率逐渐升高时，J55 碳钢腐蚀速率和腐蚀类型发生改变，本质上是腐蚀机理发生了改变。根据含水率的大小将曲线图分成 4 个区间(图 3-9)，表示 4 种不同的腐蚀机理。建立了油管 CO_2/原油/盐水体系腐蚀机理模型，如图 3-10 所示。

模型Ⅰ如图 3-10(a)所示：溶解有 CO_2的原油均匀覆盖在 J55 碳钢表面，由于原油中具有缓蚀作用的化合物吸附在基体表面，且体系中无水相存在，CO_2无法生成有腐蚀性的碳酸，故原油对 J55 碳钢不造成腐蚀。

模型Ⅱ如图 3-10(b)所示：含水率在 0~50%时，体系处于油包水状态，油相作为连续相将水相包裹在其中，阻止水相润湿基体表面。同时，原油中具有缓蚀作用的化合物吸附在基体表面也会缓解 CO_2腐蚀进程。在流动状态下，体系中的水相不可避免地会与基体接触，但腐蚀部位会被连续的油相重新覆盖，阻碍腐蚀的继续发展。因此，这种状态下腐蚀速率较小，腐蚀形态为均匀腐蚀。孙冲等和程远鹏等也都得到类似的结论，不过他们都依据 Ostwald 相体积理论，认为含水率范围为 0~30%时乳液状态为油包水。Ostwald 相体积理论的前提假设是乳状液的液珠是大小相同的刚性圆球，是由纯几何学的观点提出来的，而乳状液的液珠性质与分散相性质和浓度有关，并非大小相等，也并非刚性的。

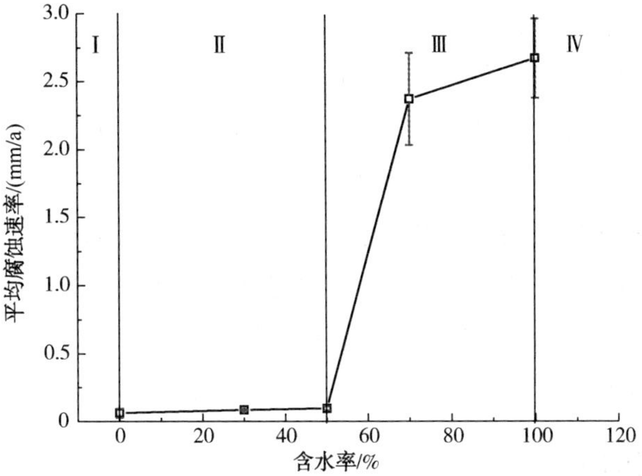

图 3-9　不同含水率下 CO_2/原油/盐水体系下 J55 碳钢腐蚀分区图

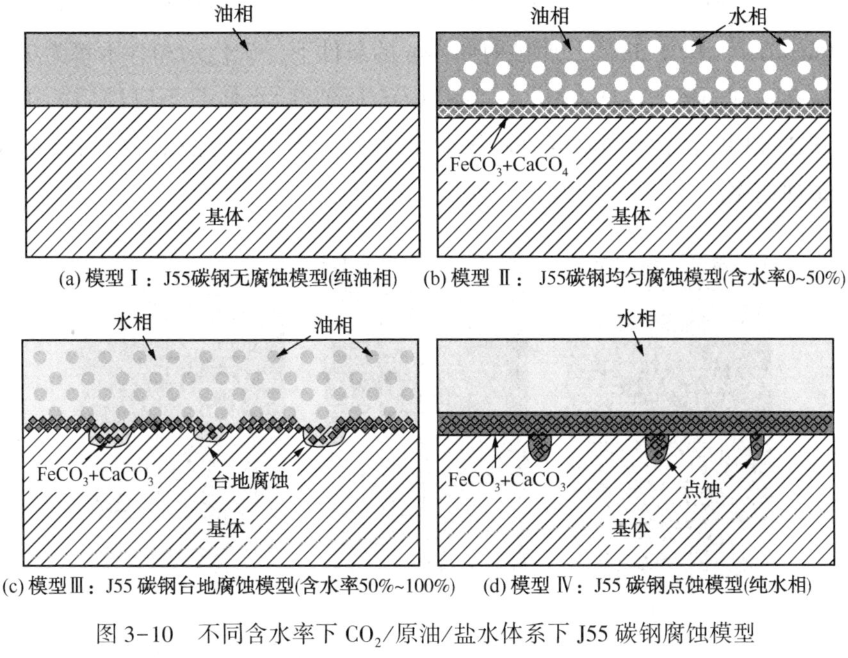

图 3-10　不同含水率下 CO_2/原油/盐水体系下 J55 碳钢腐蚀模型

模型Ⅲ如图3-10(c)所示：含水率在50%~100%时，当含水率上升，体系由油包水乳液转变为油包水乳液和水包油乳液共存，最终变为水包油乳液体系。水相对J55碳钢基体的润湿性逐渐增强，原油的缓蚀作用逐渐减弱，体系对J55碳钢基体的腐蚀逐渐变强，表现为腐蚀速率随着含水率的增大迅速增加。原油的不均匀吸附引起局部腐蚀，并在腐蚀部位形成腐蚀产物膜，腐蚀性离子(H^+、Cl^-等)可穿过腐蚀产物膜微观孔隙到达基体与产物膜界面处发生类似闭塞电池的自催化反应，加速局部蚀孔的生长，而原油吸附的部位不发生腐蚀或腐蚀速率很小，故最终形成台地腐蚀。

模型Ⅳ如图3-10(d)所示：在CO_2/盐水体系中，CO_2溶于水生成H_2CO_3，加之采出水模拟液中腐蚀性离子的共同作用，使得J55碳钢腐蚀非常严重。腐蚀产生的Fe^{2+}与溶液中的CO_3^{2-}反应，在J55碳钢基体表面形成一层具有保护作用的碳酸亚铁($FeCO_3$)膜。但由于溶液的溶解作用和流体的冲刷而导致腐蚀产物膜出现缺陷，溶液透过缺陷与J55碳钢基体接触，在J55碳钢表面形成类似电偶腐蚀的大阴极、小阳极，最终使得J55碳钢表面出现了点蚀。

3.4.2 温度的影响

1. 平均腐蚀速率

图3-11和图3-12分别为J55碳钢在CO_2分压9MPa、模拟水矿化度33000mg/L、流速0.5m/s、腐蚀时间48h的条件下，矿化水和含水率为70%的采出液在不同温度下CO_2/盐水体系和CO_2/原油/盐水体系下腐蚀后的试片形貌。图3-13展示了不同温度时矿化水和含水率为70%的采出液中J55碳钢的平均腐蚀速率。

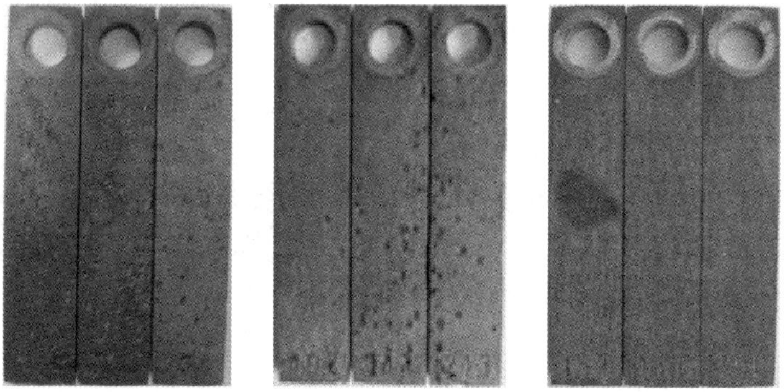

(a)50℃ (b)65℃ (c)80℃

图3-11 不同温度下CO_2/盐水体系下J55碳钢腐蚀形貌(酸洗后)

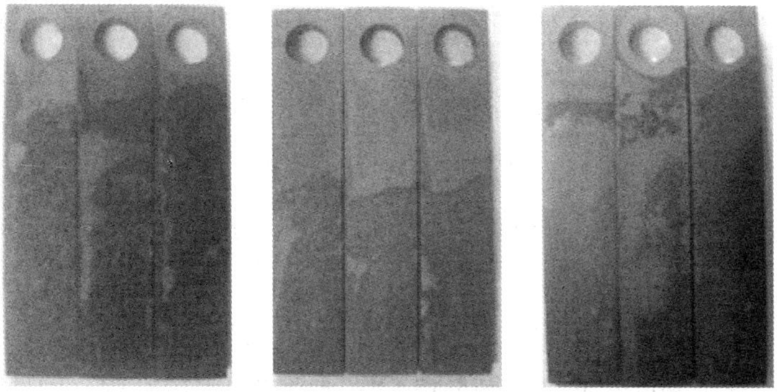

图 3-12　不同温度下 CO_2/原油/盐水体系下 J55 碳钢腐蚀形貌(酸洗后)

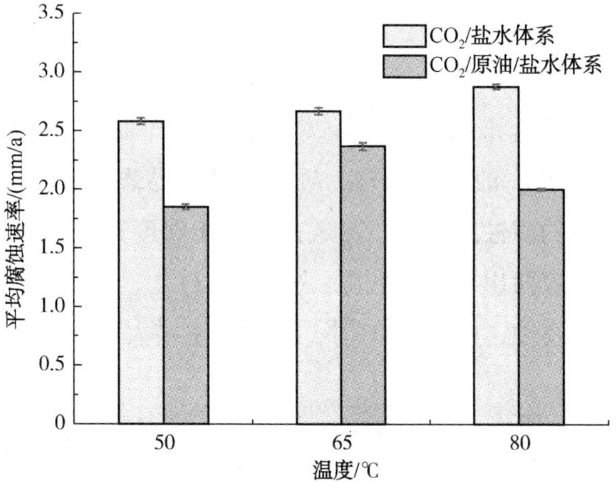

图 3-13　不同体系下温度对 J55 碳钢平均腐蚀速率的影响

由图 3-11 和图 3-12 可得：在 CO_2/盐水体系中，50℃和 65℃时，试片表面有明显的点蚀坑，80℃时，腐蚀形态转变为均匀腐蚀。这是腐蚀产物在钢材表面不均匀覆盖造成的，盐水中的腐蚀性离子(H^+、Cl^-)穿透较薄的腐蚀产物膜，在局部形成具有很强自催化特性的腐蚀电偶或闭塞电池，促进局部蚀孔的发展，形成蚀坑。随着温度的升高，碳酸对腐蚀产物膜的溶解能力增强。在 50℃和 65℃时，腐蚀产物膜厚度分布不均匀，腐蚀产物膜上能够被腐蚀离子穿过的位点较少，蚀孔朝深部发展，表现为点蚀。当温度为 80℃时，传质作用加强，使得试片表面无法形成有效的保护膜，故出现均匀腐蚀。在 CO_2/原油/盐水体系中，不同温度下 J55 碳钢均表现为台地腐蚀。主要原因为含水率为 70%时，原油在 J55 碳钢表面吸附不均匀，导致局部腐蚀加剧，并在局部形成 $FeCO_3$膜，水相将优先润湿腐蚀产物膜，进一步加剧腐蚀，最终形成台地腐蚀。由图3-13可得，J55碳钢在CO_2/盐水体系中的平均腐蚀速率明显高于在CO_2/原油/盐水体系中的平均腐蚀速率。主要原因为原油中具有缓蚀作用的化合物在J55碳钢表面吸附，减少表面腐蚀反应活性点，类似于缓蚀剂的“几何覆盖效应”。在CO_2/盐水体系中，腐蚀速率随着温度的升高而增大，在CO_2/原油/盐水体系中，腐蚀速率随着温度升高先增大后减小。主要原因是随着温度的升高，溶液的传质速率加快，体系对腐蚀产物膜的溶解也会加快，故在CO_2/盐水体系中，J55碳钢腐蚀速率增大。但在有原油存在的情况下，随着温度的升高，原油黏度降低，更容易填充腐蚀产物膜上的孔隙，因而在CO_2/原油/盐水体系中腐蚀速率出现了下降。

2. 腐蚀产物膜微观形貌特征分析

图3-14为不同温度下CO_2/盐水体系下J55碳钢表面腐蚀产物膜的微观形貌图。在50℃时，腐蚀产物膜不能完全覆盖样品表面[图3-14(d)]。随着温度的升高，腐蚀产物越来越多，在65℃时，腐蚀产物膜完整地覆盖在样品表面[图3-14(e)]，且腐蚀产物膜较为致密，对样品表面具有保护性。在80℃时，样品表面产生的腐蚀产物较少且较薄，由于温度升高加速了腐蚀产物膜的溶解，腐蚀产物膜表面出现明显孔隙[图3-14(f)]，溶液可通过孔隙与J55碳钢基体接触，加速腐蚀，故在80℃时，腐蚀速率增大。

(a)50℃,100倍 (b)65℃,100倍 (c)80℃,100倍

(d)50℃,2000倍 (e)65℃,2000倍 (f)80℃,2000倍

图3-14 不同温度下CO_2/盐水体系下J55碳钢表面腐蚀产物膜的微观形貌图

图 3-15 为不同温度下 CO_2/原油/盐水体系下 J55 碳钢表面腐蚀产物膜的微观形貌图。温度为 50℃时，腐蚀产物膜为片状，且存在裂纹[图 3-15(d)]；温度为 65℃时，腐蚀产物膜为胞状堆垛，堆垛不紧密且存在孔隙[图 3-15(e)]；当温度达到 80℃时，产生的腐蚀产物膜较为致密，薄且少[图 3-15(c)]，部分区域有明显的缺陷[图 3-15(f)]。在 CO_2/原油/盐水体系中产生的腐蚀产物膜均不完整，对 J55 碳钢基体的保护作用弱，但原油可以覆盖在腐蚀产物膜的缺陷和裂缝处，故在存在原油的条件下 J55 碳钢的腐蚀速率明显降低。由于原油含量较少，部分裂缝和缺陷处不能完全被原油覆盖，故引起强烈的局部腐蚀。

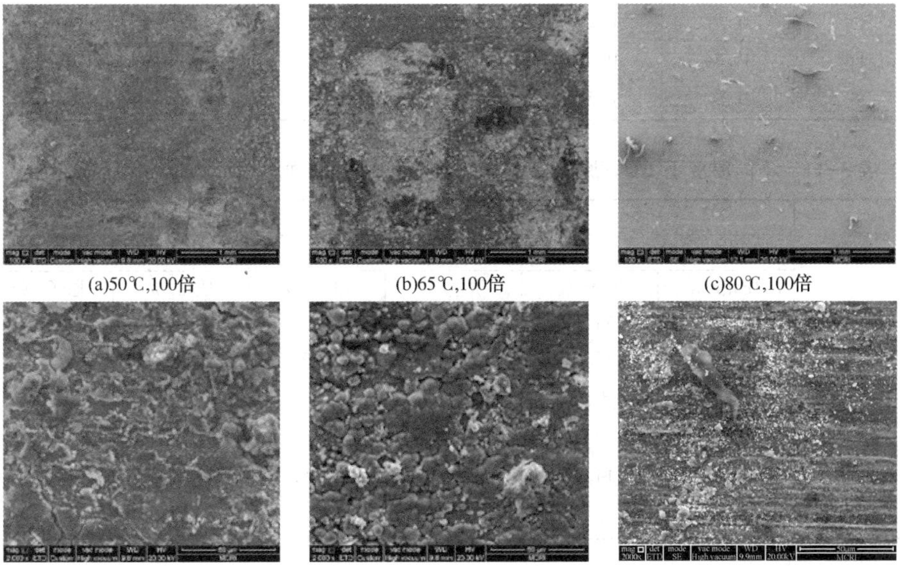

(a)50℃,100倍　(b)65℃,100倍　(c)80℃,100倍

(d)50℃,2000倍　(e)65℃,2000倍　(f)80℃,2000倍

图 3-15　不同温度下 CO_2/原油/盐水体系下 J55 碳钢表面腐蚀产物膜的微观形貌图

3. 腐蚀产物膜成分分析

表 3-10 为图 3-14(a)~图 3-14(c)的面扫描能谱分析结果。腐蚀产物的主要成分为 O、Fe、C 和 Ca。Fe+Ca、C 和 O 的原子含量比约为 1∶1∶3，表明 Ca^{2+}代替 Fe^{2+}形成$(Fe_xCa_{1-x})CO_3$混合碳酸盐。在 50℃和 65℃时，在腐蚀产物中发现 Cl 元素，说明模拟水中的 Cl^-渗透进了腐蚀产物膜，从而形成点蚀。在 80℃时，在样品表面并未发现引起局部腐蚀的 Cl 元素，与腐蚀形态为均匀腐蚀的结果一致。

表 3-11 为图 3-15(a)~图 3-15(c)的面扫描能谱分析结果。腐蚀产物中的主要元素为 C、O、Ca 和 Fe，与 J55 碳钢在 CO_2/盐水体系中表面腐蚀产物

膜的主要组成元素相同。在80℃时，在试片表面发现组成基体的Mn元素，说明此时腐蚀产物膜较少，不能完全覆盖J55碳钢表面，与SEM分析中腐蚀产物膜少且薄的结果一致。

表3-10　不同温度下CO_2/盐水体系下J55碳钢表面腐蚀产物膜能谱分析结果

元素	温度/℃					
	50		65		80	
	质量/%	原子/%	质量/%	原子/%	质量/%	原子/%
C	9.73	18.83	8.94	15.99	8.23	16.11
O	41.46	60.21	49.36	66.21	42.31	62.21
Cl	1.47	0.96	1.43	0.87	—	—
Ca	0.76	0.44	9.00	4.83	5.07	2.98
Fe	45.84	19.02	30.83	11.82	44.39	18.70
S	0.74	0.54	0.44	0.29	—	—

表3-11　不同温度下CO_2/原油/盐水体系下J55碳钢表面腐蚀产物膜能谱分析结果

元素	温度/℃					
	50		65		80	
	质量/%	原子/%	质量/%	原子/%	质量/%	原子/%
C	17.94	33.05	19.71	32.83	27.02	44.21
O	34.22	47.32	41.56	51.97	33.97	41.74
Ca	10.21	4.39	9.36	4.67	4.03	1.73
Mn	—	—	—	—	0.68	0.24
Fe	36.47	14.45	29.37	10.52	34.31	12.07
S	1.16	0.80	—	—	—	—

图3-16为温度65℃、CO_2分压9MPa、模拟水矿化度33000mg/L条件下，不同体系下J55碳钢腐蚀表面的XRD图。

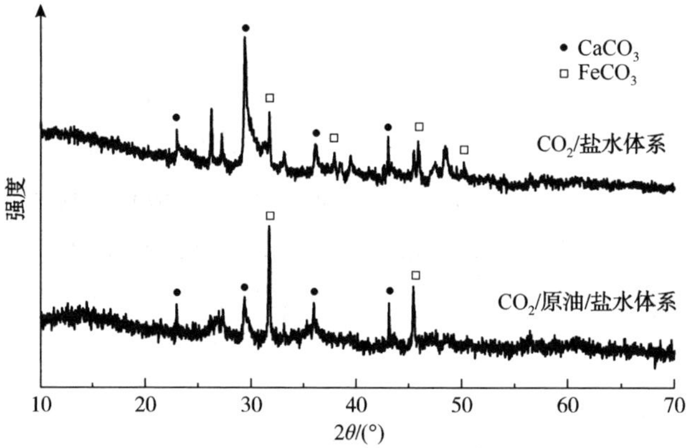

图3-16　不同体系下J55碳钢腐蚀表面的XRD图

由图 3-16 可得，J55 碳钢在 CO_2/盐水体系和在 CO_2/原油/盐水体系中产生的腐蚀产物膜组分相似，主要为 $CaCO_3$和 $FeCO_3$复合盐。说明原油的加入并不能改变腐蚀产物的组成，进一步说明原油的加入不能改变 CO_2腐蚀的本质。

4. 腐蚀深度分布

图 3-17 为不同温度下 J55 碳钢在不同体系下腐蚀深度频率密度分布图。表 3-12 为不同温度下 J55 碳钢在不同体系下的腐蚀特征参数(由腐蚀深度分布拟合的高斯模型参数)表。表 3-13 为不同温度下 J55 碳钢在不同体系下的腐蚀深度频率密度分布曲线的高斯模型拟合方差分析表。

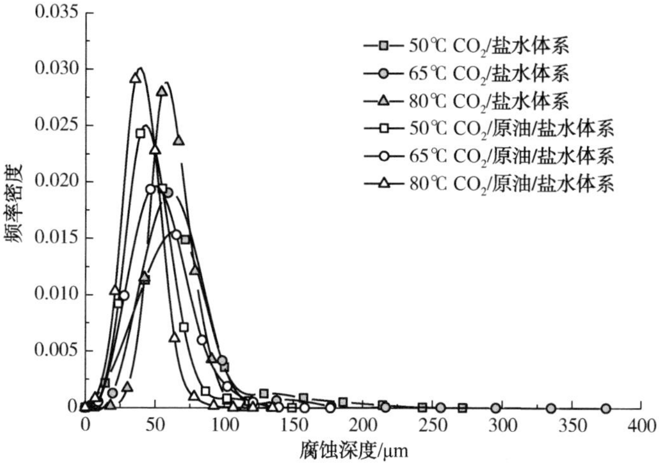

图 3-17　不同温度下 J55 碳钢在不同体系下腐蚀深度频率密度分布

表 3-12　由腐蚀深度分布拟合的高斯模型参数

温度/℃		50	65	80
CO_2/盐水体系	平均腐蚀速率/(mm/a)	2.5820	2.6690	2.5871
	最大腐蚀深度/μm	285.113	393.596	120.356
	x_c/μm	61.872	64.249	58.503
	w	48.139	39.828	26.999
	$(h_{max}-x_c)$/μm	223.241	329.347	61.853
CO_2/原油/盐水体系	平均腐蚀速率/(mm/a)	1.8513	2.3697	2.0032
	最大腐蚀深度/μm	156.325	185.358	141.342
	x_c/μm	44.192	52.039	45.195
	w	31.084	39.986	31.929
	$(h_{max}-x_c)$/μm	112.133	133.319	96.147

表 3-13 不同温度下 J55 碳钢在不同体系下的腐蚀深度频率密度分布曲线的高斯模型拟合方差分析

项目		自由度	离差平方和	均方	F	$Prob>F$
整体	回归	12	0.0057	0.000475	820.2713	0
	残差	54	0.0000313	0.000579		
	未修正的合计	66	0.00573			
	修正的合计	60	0.00388			

由图 3-17 可得，在相同腐蚀条件下，CO_2/盐水体系的腐蚀深度频率密度分布曲线相对于 CO_2/原油/盐水体系的腐蚀深度频率密度分布曲线均向右移，说明平均腐蚀速率较大，原油具有明显的缓蚀作用。由表 3-12、表 3-13 可得，$Prob>F$ 小于 0.01，表明图 3-17 中的频率密度分布曲线与高斯分布一致。CO_2/原油/盐水体系的 x_c 明显低于 CO_2/盐水体系的 x_c，与图 3-13 的平均腐蚀速率测量结果一致。在 50℃和 65℃条件下，在 CO_2/盐水体系中参数 w 大、$h_{max}-x_c$ 大，腐蚀深度频率密度分布曲线表现为跨度大、尾部长，故腐蚀形态为点蚀；在 CO_2/原油/盐水体系中参数 w 小、$h_{max}-x_c$ 大，表明腐蚀形态为局部腐蚀；在 80℃条件下，在 CO_2/盐水体系和 CO_2/原油/盐水体系中参数 w 和 $h_{max}-x_c$ 均较小，说明腐蚀形态为均匀腐蚀。由参数 w 和 $h_{max}-x_c$ 判断的腐蚀形态与图 3-12 和图 3-13 结果一致。

5. 最大腐蚀深度及点蚀系数

图 3-18 展示了温度对不同体系下 J55 碳钢最大腐蚀深度的影响。图 3-19 展示了温度对不同体系下 J55 碳钢点蚀系数的影响。

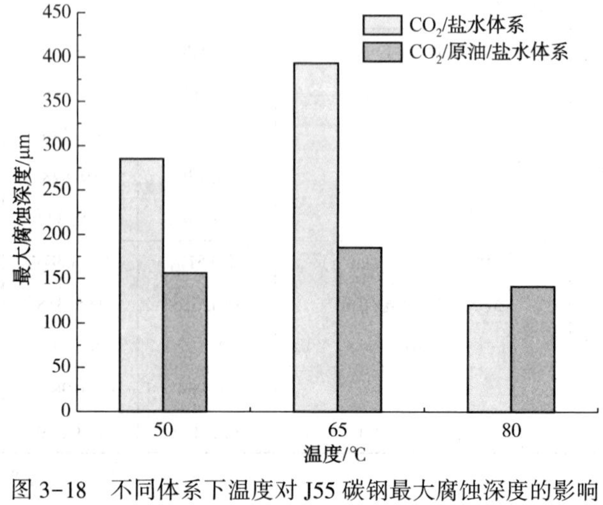

图 3-18 不同体系下温度对 J55 碳钢最大腐蚀深度的影响

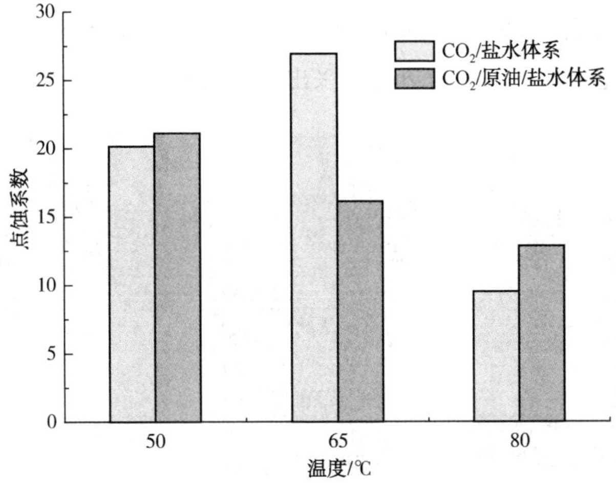

图 3-19　温度对不同体系下 J55 碳钢点蚀系数的影响

由图 3-18 可得，在 CO_2/盐水体系中最大腐蚀深度随着温度的升高先增大后减小，其主要原因是温度较低时主要形成点蚀，随着温度的升高，腐蚀产物膜对基体的保护作用减弱，出现均匀腐蚀，故最大腐蚀深度较小。在 CO_2/原油/盐水体系中，最大腐蚀深度变化不大，主要原因是原油不均匀覆盖在试样表面，形成局部腐蚀，被腐蚀区域的粗糙度大，更容易吸附原油，使得腐蚀向未腐蚀区域发展，故最大腐蚀深度变化不大。

由图 3-19 可得，两种体系中 J55 碳钢的点蚀系数均较大，都具有点蚀趋势，尤其是在 50℃和 65℃条件下。在 CO_2/盐水体系中点蚀系数随着温度升高先增大后减小，主要原因是在 65℃附近腐蚀产物 $FeCO_3$的溶解度随温度升高而降低，J55 碳钢基体表面更容易形成一层具有保护作用的 $FeCO_3$腐蚀产物膜。溶液透过腐蚀产物膜的缺陷与 J55 碳钢基体接触，在 J55 碳钢表面形成类似电偶腐蚀的大阴极、小阳极，使得点蚀趋势加大。温度继续升高，传质作用加强，形成均匀腐蚀，故点蚀系数减小。在 CO_2/原油/盐水体系中点蚀系数随着温度升高逐渐减小，主要原因是随着温度的升高，原油的黏度变低，更容易吸附在腐蚀产物膜的裂缝和缺陷上，使得腐蚀产物膜对 J55 碳钢基体保护作用加强，形成的局部腐蚀坑变浅。

3.4.3　矿化度的影响

1. 平均腐蚀速率

图 3-20 和图 3-21 分别为 J55 碳钢在 CO_2分压 9MPa、温度 65℃、流速

0.5m/s、腐蚀时间 48h 的条件下，矿化水和含水率为 70%的采出液在不同矿化度下 CO_2/盐水体系和 CO_2/原油/盐水体系下腐蚀后试片形貌。图 3-22 为不同矿化度时矿化水和含水率为 70%的采出液中 J55 碳钢的平均腐蚀速率。

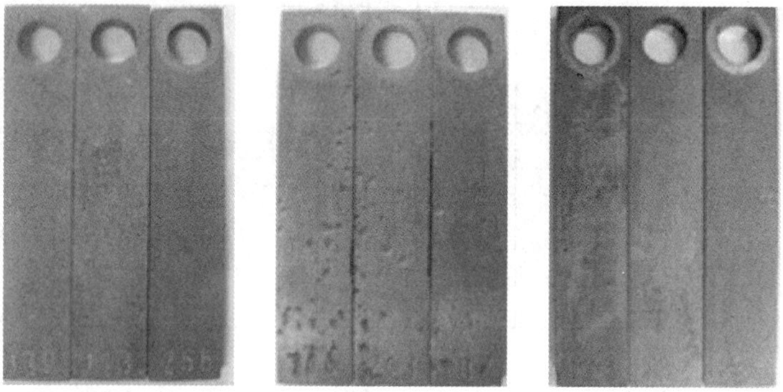

(a)0　(b)33000mg/L　(c)80000mg/L

图 3-20　不同矿化度下 CO_2/盐水体系下 J55 碳钢腐蚀形貌(酸洗后)

(a)0　(b)33000mg/L　(c)50000mg/L　(d)80000mg/L　(e)100000mg/L

图 3-21　不同矿化度下 CO_2/原油/盐水体系下 J55 碳钢腐蚀形貌(酸洗后)

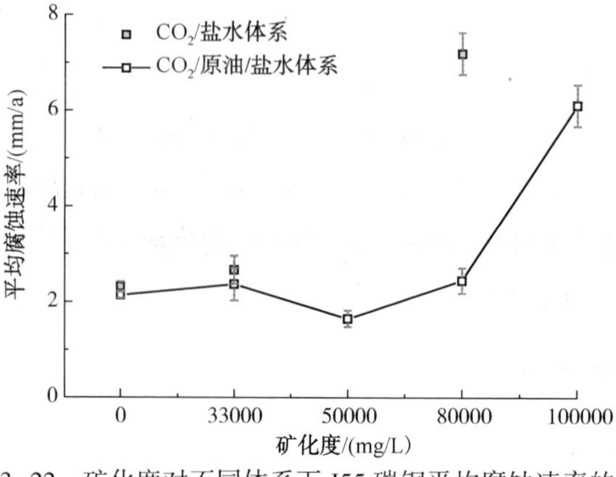

图 3-22　矿化度对不同体系下 J55 碳钢平均腐蚀速率的影响

由图 3-20 和图 3-21 可得：在 CO_2/盐水体系中，矿化度为 33000mg/L 时，试片腐蚀形态为点蚀；矿化度为 0 和 80000mg/L 时，腐蚀形态为均匀腐蚀。在 CO_2/原油/盐水体系中，矿化度为 33000mg/L 和 50000mg/L 时，表现为台地腐蚀；其他矿化度时，腐蚀形态为均匀腐蚀。由图 3-22 可得，J55 碳钢在 CO_2/盐水体系中的平均腐蚀速率明显高于在 CO_2/原油/盐水体系中的平均腐蚀速率。在两种体系中，腐蚀速率随着矿化度的增大而增大，其原因为随着溶液矿化度的增大，溶液中带电离子的浓度会增大，溶液的导电率也就不断增大，电荷的转移就会加剧，使得 J55 碳钢的腐蚀速率变大。矿化度为 0 时，体系矿化度低，在试样表面形成的腐蚀产物少且均匀，故在不同体系中均为均匀腐蚀；矿化度增大，在 CO_2/盐水体系中，腐蚀产物膜在试样表面沉积不均匀，导致局部腐蚀，在 CO_2/原油/盐水体系中形成台地腐蚀；矿化度继续增大，由于体系溶液导电性增加，导致体系活化能力增强，形成均匀腐蚀。

2. 腐蚀产物膜微观形貌特征分析

图 3-23 为不同矿化度下 CO_2/盐水体系下 J55 碳钢表面腐蚀产物膜的微观形貌图。随着矿化度的增大，腐蚀产物膜逐渐变得疏松。在矿化度为 0 时，腐蚀产物膜主要由不规则的立方体组成，排列紧密[图 3-23(d)]，主要成分应为 $FeCO_3$。随着矿化度的增大，腐蚀产物越来越多，在矿化度为 33000mg/L 时，腐蚀产物膜完整地覆盖在样品表面[图 3-23(b)和图 3-23(e)]，且腐蚀

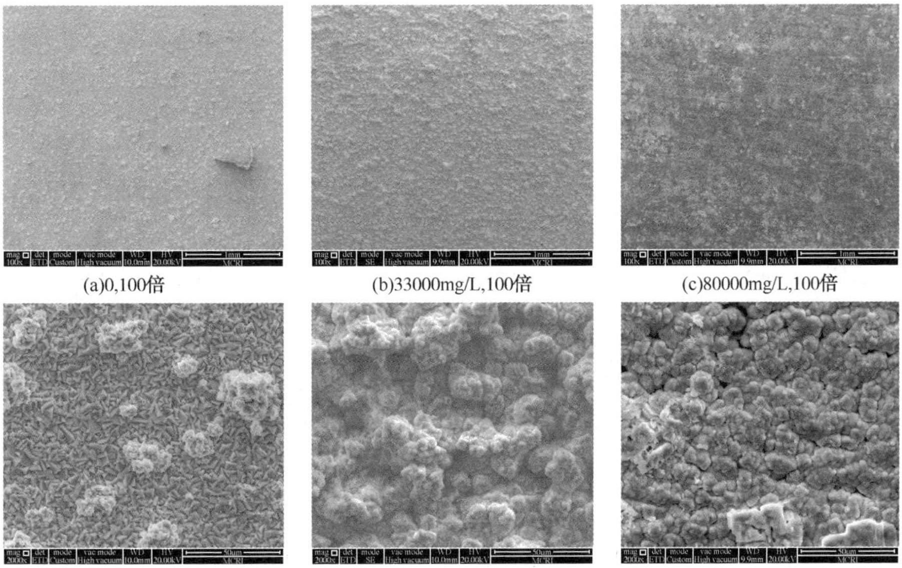

(a)0,100倍　(b)33000mg/L,100倍　(c)80000mg/L,100倍

(d)0,2000倍　(e)33000mg/L,2000倍　(f)80000mg/L,2000倍

图 3-23　不同矿化度下 CO_2/盐水体系下 J55 碳钢表面腐蚀产物膜的微观形貌图

产物膜较为致密，对样品表面具有保护作用。矿化度继续增大，在 80000mg/L 时，腐蚀产物为胞状堆垛，堆垛不紧密且存在孔隙[图 3-23(f)]，无法对基体形成防护，主要原因为体系溶液中 Ca^{2+}、Mg^{2+}的增加，与生成的 Fe^{2+}形成竞争沉淀。

图 3-24 为不同矿化度下 CO_2/原油/盐水体系下 J55 碳钢表面腐蚀产物膜的微观形貌图。在矿化度为 0 时，腐蚀产物膜较少，能够在基体表面发现明显机械加工的痕迹[图 3-24(a)和图 3-24(f)]；在矿化度为 33000mg/L 时，腐蚀产物为胞状堆垛，堆垛不紧密且存在孔隙[图 3-24(g)]；在矿化度为 50000mg/L 时，腐蚀产物由胞状堆垛转变为片状堆积，同样堆积不紧密且存在孔隙[图 3-24(h)]；矿化度继续增大，在矿化度为 80000mg/L 时，腐蚀产物膜较为致密，但存在较大的裂缝[图 3-24(i)]，无法对基体形成防护；在矿化度为 100000mg/L 时，腐蚀产物膜存在较多的孔隙[图 3-24(e)]，由球状颗粒和棉絮状固体组成[图 3-24(j)]，对基体无保护作用。

3. 腐蚀产物膜成分分析

表 3-14 为图 3-23(a)~图 3-23(c)的面扫描能谱分析结果。Cl 元素随着矿化度的增大而增加。矿化度为 0mg/L 时，腐蚀产物的主要元素为 O、Fe 和 C，说明腐蚀产物主要为 $FeCO_3$。由于腐蚀产物较少，在腐蚀产物中同时发现基体元素 Mn；矿化度为 33000mg/L 和 80000mg/L 时，腐蚀产物的主要元素为 O、Fe、C 和 Ca，说明腐蚀产物中有部分 $FeCO_3$中的 Fe^{2+}被 Ca^{2+}取代。

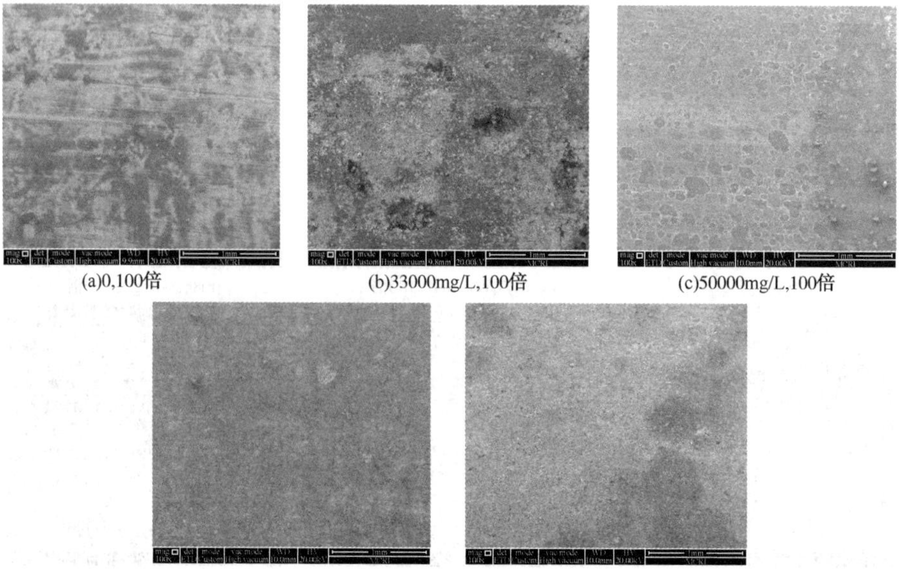

(a)0,100倍 (b)33000mg/L,100倍 (c)50000mg/L,100倍

(d)80000mg/L,100倍 (e)100000mg/L,100倍

图 3-24 不同矿化度下 CO_2/原油/盐水体系下 J55 碳钢表面腐蚀产物膜的微观形貌图

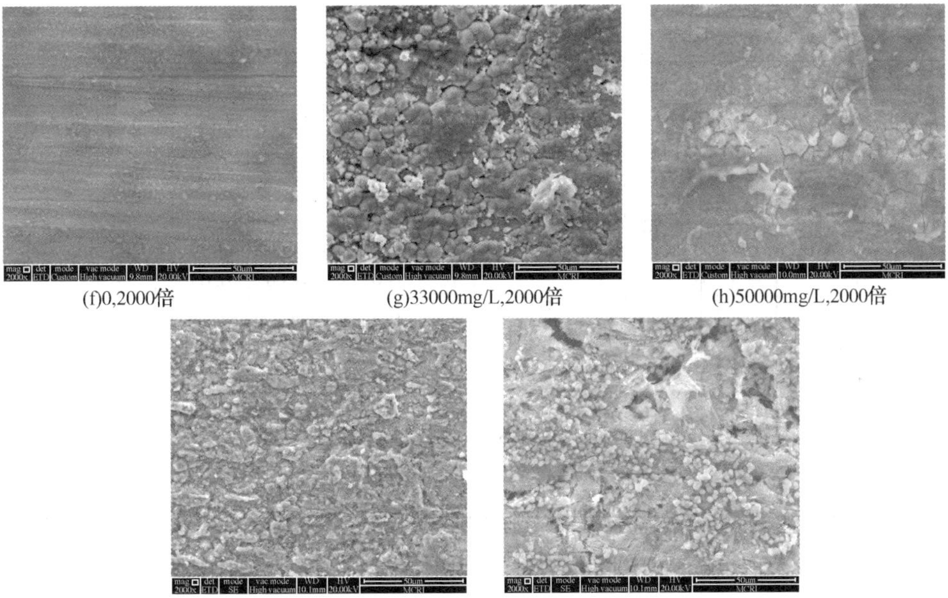

(f)0,2000倍　(g)33000mg/L,2000倍　(h)50000mg/L,2000倍

(i)80000mg/L,2000倍　(j)100000mg/L,2000倍

图 3-24　不同矿化度下 CO_2/原油/盐水体系下 J55 碳钢表面腐蚀产物膜的微观形貌图(续)

表 3-14　不同矿化度下 CO_2/盐水体系下 J55 碳钢表面腐蚀产物膜能谱分析结果

矿化度/(mg/L)	0		33000		80000	
元素	质量/%	原子/%	质量/%	原子/%	质量/%	原子/%
C	15.70	28.15	8.94	15.99	17.27	29.38
O	40.89	55.06	49.36	66.21	32.24	41.17
Cl	—	—	1.43	0.87	12.42	7.16
Ca	—	—	9.00	4.83	12.77	6.51
Mn	0.64	0.25	—	—	—	—
Fe	42.57	16.42	30.83	11.82	12.80	4.68
S	—	—	0.44	0.29	—	—

表 3-15 为图 3-24(a)~图 3-24(e)的面扫描能谱分析结果。矿化度为 0 时，腐蚀产物的主要元素为 O、Fe 和 C，由原子比例推断出腐蚀产物主要为 $FeCO_3$和 FeC_3。在其他矿化度下，腐蚀产物的主要元素为 O、Fe、C 和 Ca，说明腐蚀产物中有部分 $FeCO_3$中的 Fe^{2+}被 Ca^{2+}取代。

表 3-15　不同矿化度下 CO_2/原油/盐水体系下 J55 碳钢表面腐蚀产物膜能谱分析结果

矿化度(mg/L)	0		33000		50000		80000		100000	
元素	质量/%	原子/%	质量/%	原子/%	质量/%	原子/%	质量/%	原子/%	质量/%	原子/%
C	57.85	82.55	19.71	32.83	4.22	12.46	35.81	57.28	10.36	24.13
O	5.90	6.32	41.56	51.97	16.62	36.82	23.51	28.24	23.52	41.12
Cl	—	—	—	—	0.39	0.39	0.06	0.03	—	—
Ca	—	—	9.36	4.67	1.32	1.17	2.76	1.32	8.17	5.70
Mn	—	—	—	—	1.18	0.76	0.41	0.14	1.48	0.75
Fe	36.25	11.13	29.37	10.52	76.26	48.40	35.32	12.15	56.47	28.29
S	—	—	—	—	—	—	0.71	0.43	—	—

图 3-25 为 65℃、9MPa 时，不同矿化度下 CO_2/原油/盐水体系中 J55 碳钢腐蚀表面 XRD 图。不同矿化度下 J55 碳钢表面产生的腐蚀产物膜组分相似，主要为 $CaCO_3$ 和 $FeCO_3$ 复合盐。说明矿化度不会改变 CO_2/原油/盐水体系对 J55 碳钢的腐蚀过程。

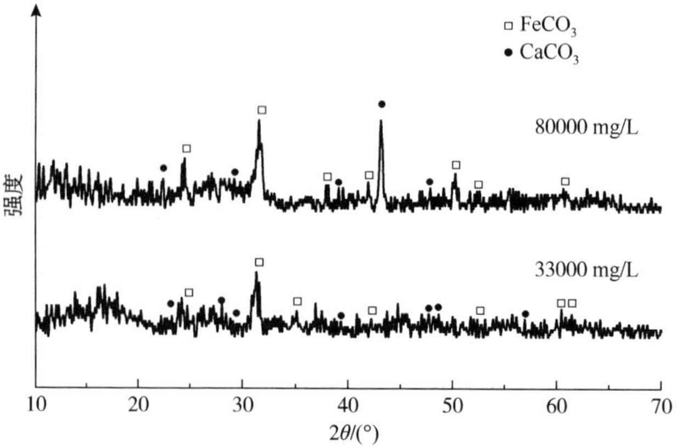

图 3-25　CO_2/原油/盐水体系下 J55 碳钢腐蚀表面 XRD 图

4. 腐蚀深度分布

图 3-26 为不同矿化度下 J55 碳钢在不同体系下腐蚀深度频率密度分布图。表 3-16 为不同矿化度下 J55 碳钢在不同体系下腐蚀特征参数(由腐蚀深度分布拟合的高斯模型参数)表。表 3-17 为不同矿化度下 J55 碳钢在不同体系下腐蚀深度频率密度分布曲线的高斯模型拟合方差分析表。

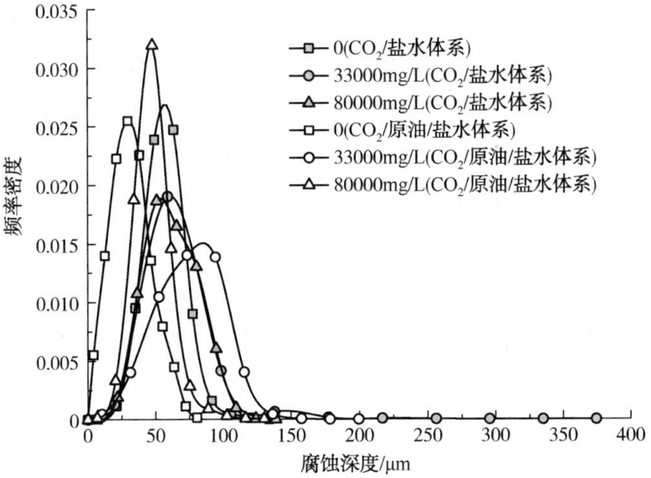

图 3-26　不同矿化度下 J55 碳钢在不同体系下腐蚀深度频率密度分布图

表 3-16　由腐蚀深度分布拟合的高斯模型参数

矿化度/(mg/L)		0	33000	80000
CO_2/盐水体系	平均腐蚀速率/(mm/a)	2.3219	2.6690	7.5091
	最大腐蚀深度/μm	140.939	393.596	145.092
	x_c/μm	56.498	64.249	60.484
	w	29.006	39.828	42.282
	$(h_{max}-x_c)$/μm	84.441	329.347	84.608
CO_2/原油/盐水体系	平均腐蚀速率/(mm/a)	2.1386	2.3697	2.4476
	最大腐蚀深度/μm	84.889	209.369	136.705
	x_c/μm	30.653	76.626	46.696
	w	30.653	52.048	24.794
	$(h_{max}-x_c)$/μm	54.236	132.743	90.009

表 3-17　不同矿化度下 J55 碳钢在不同体系下
腐蚀深度频率密度分布曲线的高斯模型拟合方差分析

项目		自由度	离差平方和	均方	F	$Prob>F$
整体	回归	12	0.00693	0.000578	722.7061	0
	残差	54	0.0000432	0.000000799		
	未修正的合计	66	0.00697			
	修正的合计	60	0.00411			

由图 3-26 可得，在相同腐蚀条件下，CO_2/盐水体系的腐蚀深度频率密度分布曲线相对于 CO_2/原油/盐水体系的腐蚀深度频率密度分布曲线均向右移，

说明平均腐蚀速率较大，原油具有明显的缓蚀作用。由表3-16、表3-17可得，*Prob>F* 小于0.01，表明图3-26中的频率密度分布曲线与高斯分布一致。两种体系中，在0和80000mg/L条件时，腐蚀深度频率密度分布曲线跨度小，尾部较短，说明J55碳钢表面主要发生均匀腐蚀；在33000mg/L条件时，腐蚀深度频率密度分布曲线尾部较长，表示J55碳钢表面发生局部腐蚀。

5. 最大腐蚀深度及点蚀系数

图3-27展示了矿化度对不同体系下J55碳钢最大腐蚀深度的影响。图3-28展示了矿化度对不同体系下J55碳钢点蚀系数的影响。

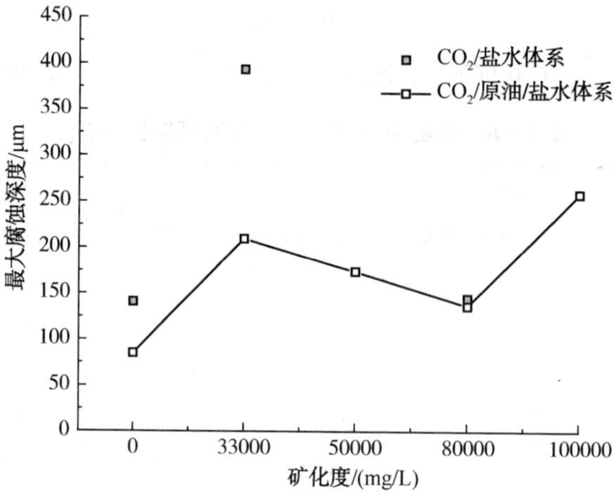

图3-27 矿化度对不同体系下J55碳钢最大腐蚀深度的影响

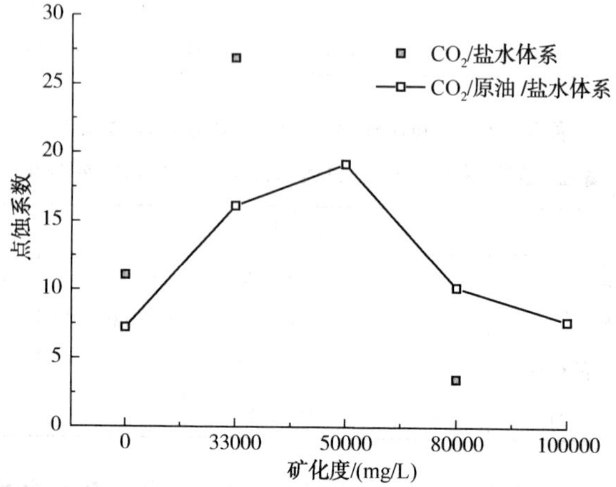

图3-28 矿化度对不同体系下J55碳钢点蚀系数的影响

由图 3-27 可得，J55 碳钢在 CO_2/原油/盐水体系中最大腐蚀深度均低于在 CO_2/盐水体系中最大腐蚀深度。两种体系中最大腐蚀深度随着矿化度的升高先增大后减小，主要原因是腐蚀形态由均匀腐蚀转变为点蚀或局部腐蚀，再转变为均匀腐蚀。

由图 3-28 可得，两种体系中点蚀系数随着矿化度的升高均先增大后减小，其主要原因还是腐蚀形态的转变和平均腐蚀速率的增大。

3.4.4 CO_2分压的影响

1. 平均腐蚀速率

图 3-29 为 J55 碳钢在温度 65℃、含水率 70%的采出液(模拟水矿化度为 33000mg/L)、流速 0.5m/s、腐蚀时间 48h、总压 15MPa、不同 CO_2分压条件下的腐蚀形貌。图 3-30 为不同 CO_2分压下含水率 70%的采出液中 J55 碳钢的平均腐蚀速率。

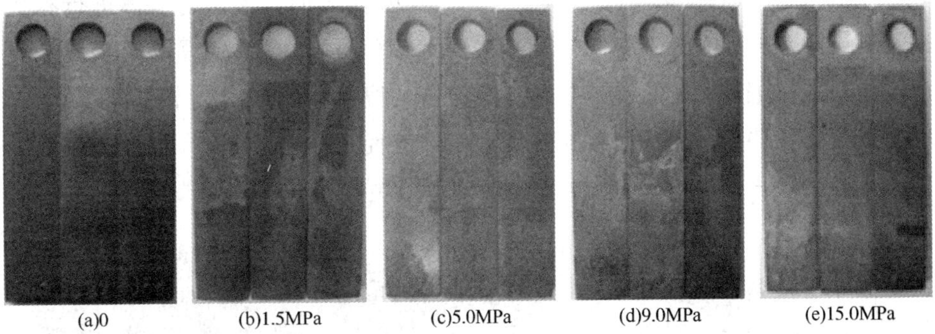

图 3-29 不同 CO_2分压下 CO_2/原油/盐水体系下 J55 碳钢腐蚀形貌(酸洗后)

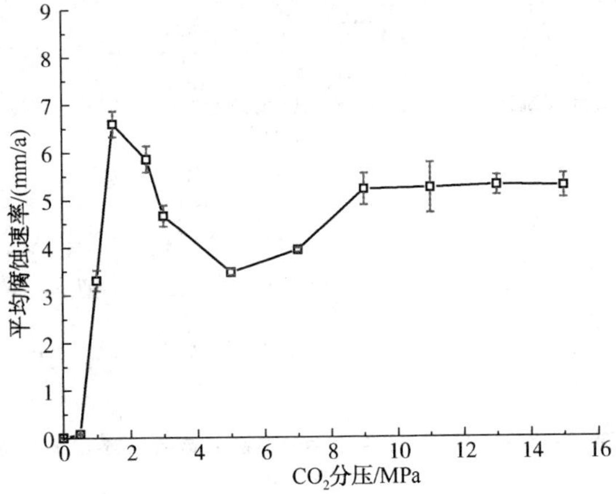

图 3-30 CO_2分压对 CO_2/原油/盐水体系下 J55 碳钢平均腐蚀速率的影响

由图 3-29 和图 3-30 可得，在含 CO_2条件下，腐蚀形态为局部腐蚀。随着 CO_2分压的增大，平均腐蚀速率先增大，再减小，然后继续增大，最后趋于稳定。CO_2分压从 0.5MPa 增大到 1.5MPa，H_2CO_3浓度随着 CO_2分压的增大而增大，系统的 pH 值降低，J55 碳钢的腐蚀速率急剧增大。CO_2分压从 1.5MPa 增大到 5.0MPa，随着 CO_2分压的不断增大，J55 碳钢表面逐渐形成保护层，J55 碳钢腐蚀速率下降。CO_2分压从 5.0MPa 增大到 9.0MPa，CO_2状态转变为超临界状态，J55 碳钢表面保护层被逐渐溶解，从而使腐蚀速率又增大。CO_2在水中达到溶解平衡状态后，CO_2分压继续增大，系统的 pH 值几乎不变，因此能够形成稳定的保护层，故腐蚀速率不再增大。

2. 腐蚀产物膜微观形貌特征分析

图 3-31 为不同 CO_2分压下 CO_2/原油/盐水体系下 J55 碳钢表面腐蚀产物膜的微观形貌图。$P_{CO_2}=0$ 时，J55 碳钢表面的抛光痕迹仍然清晰可见[图 3-31(g)]，在样品表面没有观察到明显的腐蚀。$P_{CO_2}=1.5$MPa 时，J55 碳钢表面受到严重腐蚀，$FeCO_3$、$CaCO_3$分散在 J55 碳钢基体表面，无法对基体进行有效防护。在 $P_{CO_2}=5.0$MPa 时，J55 碳钢表面大部分被腐蚀产物膜覆盖。在 $P_{CO_2}=9.0$MPa 时，碳钢表面几乎都覆盖有保护性的腐蚀产物膜。在 $P_{CO_2}=11.0$MPa 时，腐蚀产物膜更加致密，完全覆盖在基体表面。在 $P_{CO_2}=15.0$MPa 时，腐蚀产物膜比 $P_{CO_2}=11.0$MPa 时腐蚀产物膜更厚、更致密。

图 3-31 不同 CO_2分压下 CO_2/原油/盐水体系下 J55 碳钢表面腐蚀产物膜的微观形貌图

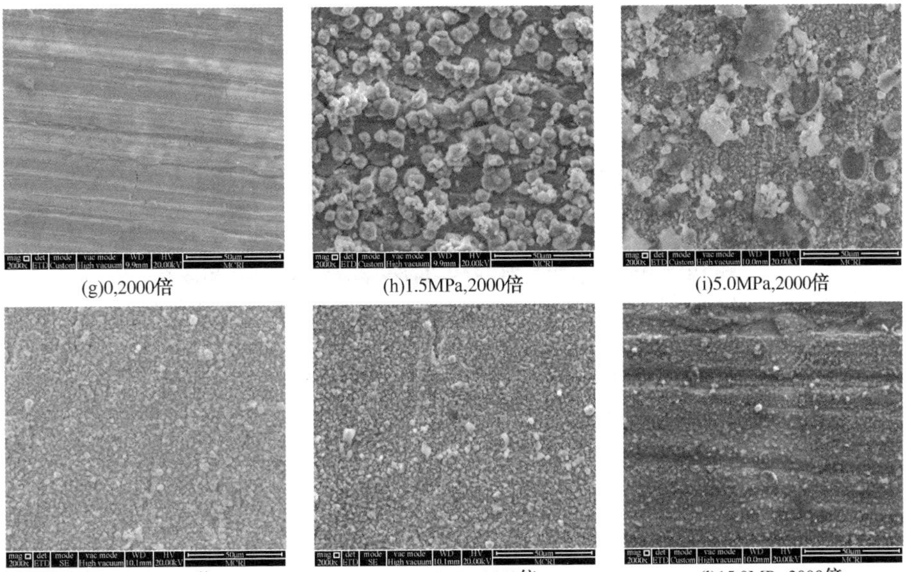

(g)0,2000倍　(h)1.5MPa,2000倍　(i)5.0MPa,2000倍

(j)9.0MPa,2000倍　(k)11.0MPa,2000倍　(l)15.0MPa,2000倍

图 3-31　不同 CO_2分压下 CO_2/原油/盐水体系下 J55 碳钢表面腐蚀产物膜的微观形貌图(续)

3. 腐蚀产物膜组分分析

表 3-18 为图 3-31(a)～图 3-31(f)的面扫描能谱分析结果。腐蚀产物的主要元素为 O、Fe、C 和 Ca，说明腐蚀产物中有部分 $FeCO_3$中的 Fe^{2+}被 Ca^{2+}取代。腐蚀产物中出现 Cl 元素，说明出现了点蚀倾向。CO_2分压为 5.0MPa 和 15.0MPa 时，腐蚀产物较多，在腐蚀产物中未发现基体元素 Mn。

表 3-18　不同 CO_2分压下 CO_2/原油/盐水体系下 J55 碳钢表面腐蚀产物膜能谱分析结果

P_{CO_2}/MPa	0		1.5		5.0		9.0		15.0	
元素	质量/%	原子/%	质量/%	原子/%	质量/%	原子/%	质量/%	原子/%	质量/%	原子/%
C	40.42	75.70	21.40	37.34	56.61	72.93	7.77	21.73	25.31	44.90
O	0.24	0.34	34.25	44.87	21.13	20.44	14.95	31.38	26.68	35.54
Cl	0.21	0.14	0.63	0.37	0.27	0.12	0.42	0.39	0.78	0.47
Ca	—	—	6.67	3.49	1.06	0.41	0.48	0.41	0.39	0.21
Mn	0.99	0.41	1.41	0.54	—	—	1.12	0.69	—	—
Fe	58.13	23.42	34.91	13.10	19.46	5.39	74.36	44.72	45.00	17.17
S	—	—	—	—	1.28	0.62	0.34	0.36	—	—

图 3-32 为不同 CO_2分压下 CO_2/原油/盐水体系下 J55 碳钢腐蚀表面 XRD 图，在不同 CO_2分压下，CO_2/原油/盐水体系中腐蚀产物层的组分相似，主要为 $CaCO_3$和 $FeCO_3$复合盐。说明 CO_2分压的改变并不能改变腐蚀反应的本质。

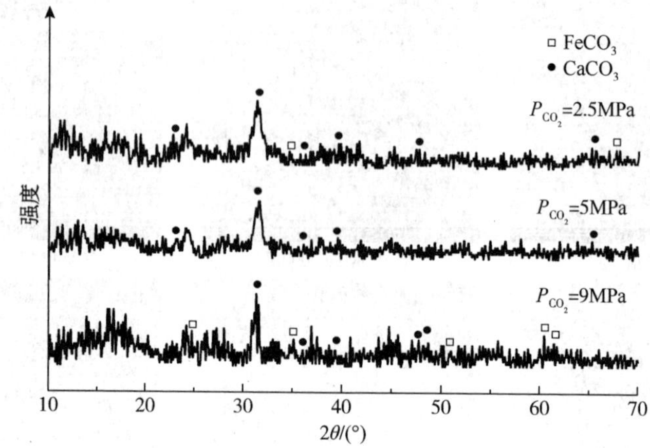

图 3-32　不同 CO_2分压下 CO_2/原油/盐水体系下

J55 碳钢腐蚀表面 XRD 图

4. 腐蚀深度分布

图 3-33 为不同 CO_2分压下 CO_2/原油/盐水体系下 J55 碳钢腐蚀深度频率密度分布图。表 3-19 为不同 CO_2分压下 CO_2/原油/盐水体系下 J55 碳钢腐蚀特征参数表。表 3-20 为不同 CO_2分压下 J55 碳钢腐蚀深度频率密度分布曲线的高斯模型拟合方差分析表。

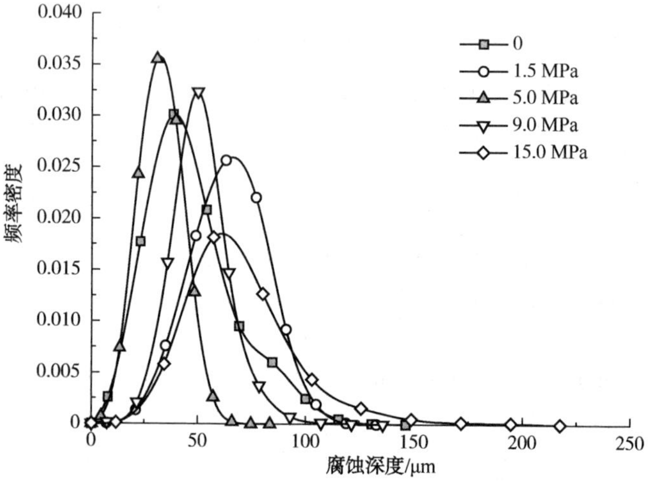

图 3-33　不同 CO_2分压下 CO_2/原油/盐水体系下

J55 碳钢腐蚀深度频率密度分布图

表 3-19　不同 CO_2 分压下 CO_2/原油/盐水体系下 J55 碳钢腐蚀特征参数

P_{CO_2}/MPa	平均腐蚀速率/(mm/a)	最大腐蚀深度/μm	x_c/μm	w	$(h_{max}-x_c)$/μm
0	0.0091	153.914	40.912	29.662	113.002
1.5	6.5952	139.435	64.903	32.638	74.532
5.0	3.4771	87.824	32.362	21.888	55.462
9.0	5.2157	142.155	49.887	24.627	92.268
15.0	5.2766	228.433	64.330	42.661	164.103

表 3-20　不同 CO_2 分压下 J55 碳钢腐蚀深度频率密度分布曲线的高斯模型拟合方差分析

项目		自由度	离差平方和	均方	F	$Prob>F$
整体	回归	10	0.0083	0.00083	228.15376	0
	残差	45	0.000164	0.00000364		
	未修正的合计	55	0.00847			
	修正的合计	50	0.00527			

由图 3-33 和表 3-19 可得，腐蚀深度频率密度分布曲线先向右移动再向左移动。由表 3-19 和表 3-20 可得，$Prob>F$ 小于 0.01，表明图 3-33 中的频率密度分布曲线与高斯分布一致。参数 x_c 的变化趋势与平均腐蚀速率的变化趋势基本一致。参数 w 均较小，尾部较长，说明 J55 碳钢腐蚀形态为局部腐蚀。$h_{max}-x_c$ 随着 CO_2 分压的增大先减小后增大，这与腐蚀产物膜性质有关。尤其是 CO_2 分压大于 5.0MPa 时，腐蚀产物膜逐渐变得厚及致密，对基体的保护作用得到加强，但腐蚀产物膜上的缺陷更容易引起点蚀。

5. 最大腐蚀深度及点蚀系数

图 3-34 为 CO_2 分压对 CO_2/原油/盐水体系下 J55 碳钢最大腐蚀深度和点蚀系数的影响。随着 CO_2 分压的增大，J55 碳钢表面点蚀系数的变化趋势与最大腐蚀深度的变化趋势相同。在 P_{CO_2} = 1.0MPa 时，腐蚀深度最大，为 382.742μm，相当于 69.8504mm/a，远大于平均腐蚀速率(3.3058mm/a)。

6. 不同 CO_2 分压下 CO_2/原油/盐水体系腐蚀机理模型

在总压 15MPa、温度 65℃、矿化度 33000mg/L、流速 0.5m/s、原油含水率 70%、腐蚀时间 48h 的实验条件下，研究 CO_2 分压对 J55 碳钢腐蚀的影响。CO_2 分压首先影响体系的 pH 值，通过影响体系的 pH 值来影响腐蚀产物膜，进而影响腐蚀速率和腐蚀形态。因此，首先研究 CO_2 分压对体系 pH 值的影响。

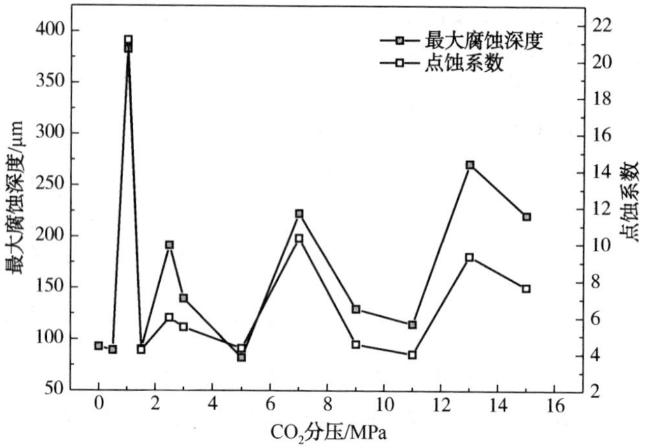

图 3-34 CO_2分压对 CO_2/原油/盐水体系下 J55 碳钢最大腐蚀深度和点蚀系数的影响

在 CO_2/原油/盐水体系中，原油的酸值为 0.107(mg KOH)/g，原油不会对系统的酸碱度产生实质性的改变，系统初始 pH 值为 6.5，酸碱度的变化主要是由水中 CO_2的溶解引起的。CO_2溶于水，原位形成碳酸，使得溶液的酸性增强，pH 值降低。可用如下平衡关系描述：

$$H_2O \rightleftharpoons H^+ + OH^- \quad K_w \tag{3-2}$$

$$CO_{2(aq)} + H_2O \rightleftharpoons H^+ + HCO_3^- \quad K_{a1} \tag{3-3}$$

$$HCO_3^- \rightleftharpoons H^+ + CO_3^{2-} \quad K_{a2} \tag{3-4}$$

$$K_w = x_{H^+} x_{OH^-}(\gamma_{H^+} \gamma_{OH^-}) \tag{3-5}$$

$$K_{a1} = \frac{x_{H^+} x_{HCO_3^-}(\gamma_{H^+} \gamma_{HCO_3^-})}{x_{CO_{2(aq)}} \gamma_{CO_{2(aq)}}} \tag{3-6}$$

$$K_{a2} = \frac{x_{H^+} x_{CO_3^{2-}}(\gamma_{H^+} \gamma_{CO_3^{2-}})}{x_{HCO_3^-} \gamma_{HCO_3^-}} \tag{3-7}$$

式中 K_w——水的电离常数；

K_{a1}——CO_2的一级电离常数；

K_{a2}——CO_2的二级电离常数；

x——离子的浓度，mol/L；

γ——离子的活度系数。

Stumm 和 Morgan 算出了 CO_2 的一级、二级电离平衡常数，Marshall 和 Franck 算出了水的电离常数。

$$\lg K_{a1} = \frac{134737.5}{T} - 2211.492 - 0.30004T + 785.768\log T - \frac{9036500}{T^2} \tag{3-8}$$

$$\lg K_{a2} = \frac{24784.1}{T} - 452.824 - 0.078515T + 162.47\log T - \frac{1713800}{T^2} \tag{3-9}$$

$$\lg K_w = -4.098 - \frac{3245.2}{T} + \frac{223620}{T^2} - \frac{39840000}{T^3} + \left(13.956 - \frac{1262.3}{T} + \frac{856410}{T^2}\right)\lg\rho \tag{3-10}$$

Wiebe 计算了 12~100℃时 CO_2在水中的溶解度，并假定 CO_2在水中的溶解度与溶液浓度和 pH 值无关。Ziegler 等将 Wiebe 测定的溶解度数据拟合为以下经验公式：

$$S_{CO_2} = 4.11 - \frac{4329.91}{T} + \frac{9.20 \times 10^5}{T^2} - 2.5 \times 10^{-3}P + 3.75\frac{P}{T} - 951.30\frac{P}{T^2} - 1.52 \times 10^{-7}P^2 + 0.34\ln P \tag{3-11}$$

式中　S_{CO_2}——水中溶解的 CO_2总浓度，mol/kg。

K_{a1}远大于 K_w和 K_{a2}，所以碳酸溶液的一级电离是主要的化学反应。在估算 CO_2/水体系的 pH 值时，可以忽略水的电离和碳酸的二级电离。碳酸是一种弱酸，且 K_{a1}在 10^{-7}左右，x_{H^+}远小于 x_{CO_2}，因此在碳酸溶液中，除了 $x_{CO_{2(aq)}}$，其他离子的浓度可忽略不计。碳酸是一种稀溶液，其离子活度系数可视为 1。碳酸的密度与纯水的密度相似，纯水的密度随温度变化不大，则 $x_{H^+} \approx S_{CO_2}$。这样，x_{H^+}和 pH 的计算如下：

$$x_{H^+} = \sqrt{K_{a1} \times x_{CO_{2(aq)}}} = \sqrt{K_{a1} \times S_{CO_2}} \tag{3-12}$$

$$\mathrm{pH} = -\lg(x_{H^+} \times \gamma_{H^+}) = -\lg x_{H^+} - \lg \gamma_{H^+} \tag{3-13}$$

图 3-35 为 CO_2/原油/盐水体系中 CO_2分压对体系 pH 值的影响。随着 CO_2分压的增大，体系的 pH 值降低。当 CO_2分压较小时，体系的 pH 值随 CO_2分压的增大而显著降低。当 CO_2分压较高时，随着 CO_2分压的增大，体系的 pH 值降低幅度不大。在水中溶解的 CO_2达到平衡后，继续增大 CO_2分压，体系的 pH 值几乎不再变化。因此，CO_2/原油/盐水体系在不同 CO_2分压下的平均腐蚀速率不同，不仅是由 pH 值的变化引起的，还是由一系列化学变化引起的。

随着 CO_2分压的变化，CO_2/原油/盐水体系中 J55 碳钢的腐蚀速率发生了显著变化，表明腐蚀机理也发生了变化。图 3-36 为不同 CO_2分压下 CO_2/原油/盐水体系下 J55 碳钢腐蚀分区图。体系中的油水比例较大，O/W 乳状液和 W/O 乳状液共存，原油和水都能润湿 J55 碳钢表面。具有缓蚀作用的原油在

J55 碳钢表面吸附不均匀，造成局部腐蚀。如图 3-37 所示，构建了不同 CO_2分压下 CO_2/原油/盐水体系中 J55 碳钢局部腐蚀模型，以阐明 CO_2分压对局部腐蚀机理的影响。描述局部腐蚀形成的四个阶段如下：

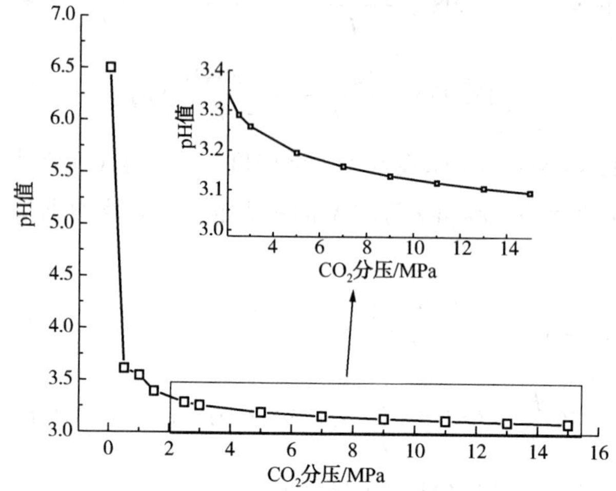

图 3-35　CO_2/原油/盐水体系中 CO_2分压对体系 pH 值的影响

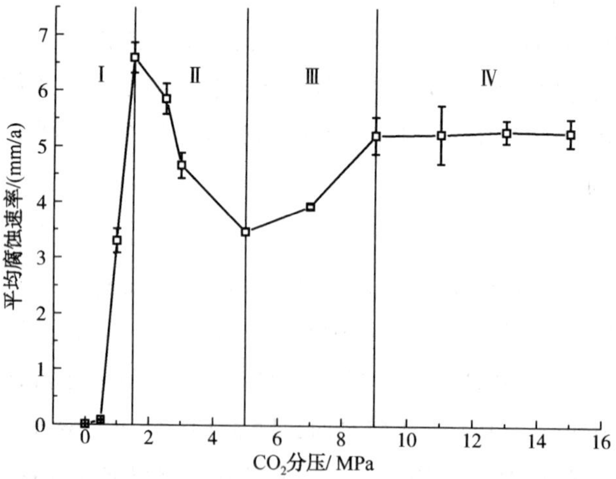

图 3-36　不同 CO_2分压下 CO_2/原油/盐水体系下 J55 碳钢腐蚀分区图

模型Ⅰ如图 3-37(a)所示：当 P_{CO_2}在 0.5~1.5MPa 时，腐蚀速率随着 CO_2分压的增大而迅速增加。当 CO_2分压很小时，系统的 pH 值随着 CO_2分压的增大而显著降低，与图 3-35 估计的 pH 值一致。随着 CO_2分压的增大，H_2CO_3的浓度增大，加速了阴极反应，提高了腐蚀速率，最终增加了 Fe^{2+}的含量。由于腐蚀产物沉淀，J55 碳钢表面出现了分散的腐蚀垢。由于原油和 Cl^-的存在，局部也可能发生点蚀。

模型Ⅱ如图3-37(b)所示：当P_{CO_2}在1.5~5.0MPa时，腐蚀速率随CO_2分压的增大而降低。在实验初始阶段，J55碳钢表面发生了强烈的局部腐蚀。这一结果与许多研究人员的结论一致。碳钢表面Fe^{2+}浓度升高，酸性浓度迅速下降。$FeCO_3$的形核和生长通常开始于钢表面，其中的pH值和$FeCO_3$饱和值最高。$FeCO_3$层限制了H^+的进入和Fe^{2+}的输出，因此随着CO_2分压的增大，腐蚀速率降低。系统pH值的降低也会导致腐蚀产物溶解，但随着CO_2分压的增大，腐蚀产物膜的溶解速率低于沉淀速率。

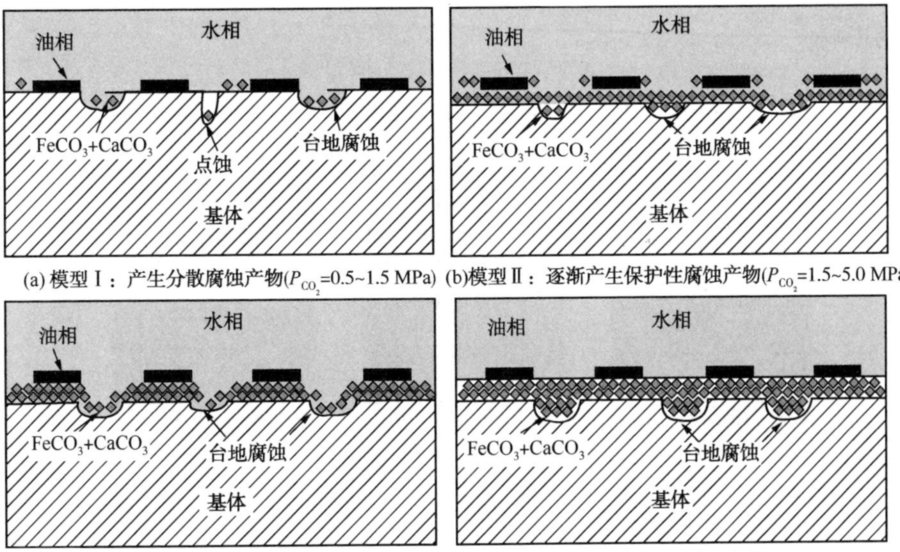

(a) 模型Ⅰ：产生分散腐蚀产物(P_{CO_2}=0.5~1.5 MPa) (b)模型Ⅱ：逐渐产生保护性腐蚀产物(P_{CO_2}=1.5~5.0 MPa)

(c)模型Ⅲ：保护性腐蚀产物溶解(P_{CO_2}=5.0~9.0MPa) (d) 模型Ⅳ：再次产生保护性腐蚀产物(P_{CO_2}=9.0~15.0 MPa)

图3-37　不同CO_2分压下CO_2/原油/盐水体系中J55碳钢局部腐蚀模型

模型Ⅲ如图3-37(c)所示：当P_{CO_2}在5.0~9.0MPa时，腐蚀速率随着CO_2分压的增大而增大。随着CO_2分压从5.0MPa增大到9.0MPa，CO_2状态转变为超临界状态，CO_2在原油中的溶解度迅速增大。保护层溶解时，CO_2可能从原油中转移到水相中，补充溶解产物层中消耗的H^+。因此，碳钢表面暴露在腐蚀介质中，促进了腐蚀反应的进行。随着CO_2分压的增大，腐蚀产物层的溶解速率大于沉淀速率。

模型Ⅳ如图3-37(d)所示：当P_{CO_2}在9.0~15.0MPa时，腐蚀速率随CO_2分压的增大几乎不变。这一结果可归因于几乎恒定的体系pH值(3.10~3.14)，如图3-35所示。在实验初始阶段，J55碳钢表面发生了强烈的局部腐蚀。同时，发生了腐蚀垢的产生和溶解。最后，在J55碳钢表面迅速形成致密、完整和具有保护性的腐蚀产物膜。Yoon Seok Choi 等也得到了类似的结果，即 L80 钢在 90℃和 12MPa CO_2分压下的 25%NaCl 溶液中的腐蚀速率刚开始很高，腐蚀一段时间后却很低。

3.4.5 流速的影响

1. 平均腐蚀速率

图3-38 为 J55 碳钢在 CO_2 分压 9MPa、温度 65℃、模拟水矿化度 33000mg/L、采出液含水率 70%、腐蚀时间 48h 的条件下，在不同流速下腐蚀后的试片形貌。图 3-39 为流速对 CO_2/原油/盐水体系下 J55 碳钢平均腐蚀速率的影响。

图 3-38 不同流速下 CO_2/原油/盐水体系下 J55 碳钢腐蚀形貌(酸洗后)

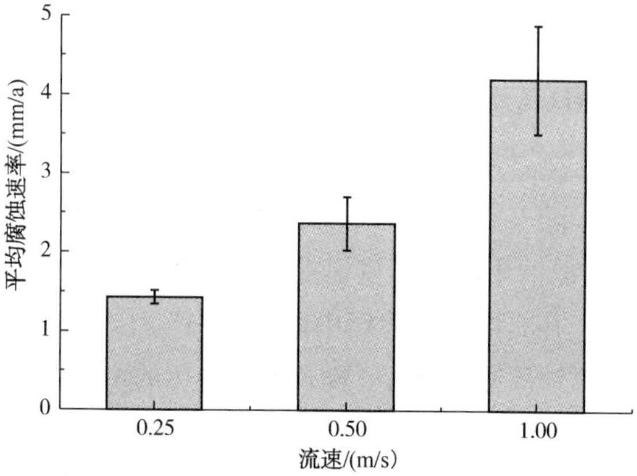

图 3-39 流速对 CO_2/原油/盐水体系下 J55 碳钢平均腐蚀速率的影响

由图 3-38 和图 3-39 可得：随着流速的增大，J55 碳钢的腐蚀速率也逐渐增大，腐蚀形态由局部腐蚀转变为均匀腐蚀。流速增大使得腐蚀溶液中的

HCO_3^-和 H^+等去极化剂较快地扩散到 J55 碳钢表面，使得阴极去极化作用增强，另外流速较快也会加快腐蚀产生的 Fe^{2+}离开 J55 碳钢表面的速度，在这些原因的共同作用下，J55 碳钢的腐蚀速率增大。

2. 腐蚀产物膜微观形貌特征分析

图 3-40 为不同流速下 CO_2/原油/盐水体系下 J55 碳钢表面腐蚀产物膜的微观形貌图。腐蚀产物随着流速的增大逐渐减少，主要原因是流速增大，腐蚀介质冲刷力增大，腐蚀产物膜在 J55 碳钢基体表面的附着力降低。流速为 0.25m/s 时，腐蚀产物膜主要为不规则的立方体，排列紧密[图 3-40(d)]；流速为 0.50m/s 时，腐蚀产物膜上出现明显的缺陷[图 3-40(b)]，腐蚀产物为胞状堆垛，且存在孔隙[图 3-40(e)]，无法对基体形成有效的防护；流速为 1.00m/s 时，腐蚀产物大面积脱落[图 3-40(c)]，试样表面仅能发现少量次生腐蚀产物[图 3-40(f)]。

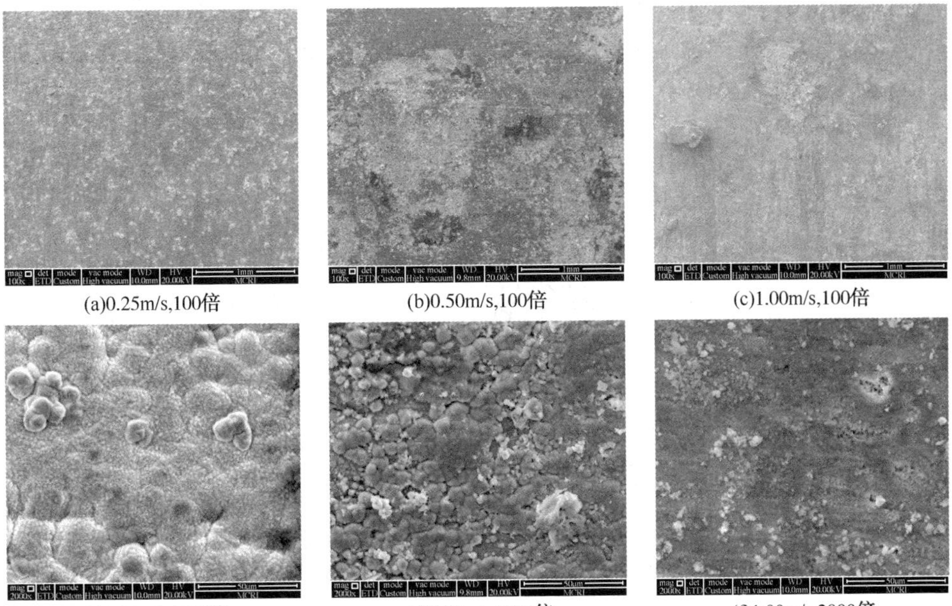

(a)0.25m/s,100倍　(b)0.50m/s,100倍　(c)1.00m/s,100倍

(d)0.25m/s,2000倍　(e)0.50m/s,2000倍　(f)1.00m/s,2000倍

图 3-40　不同流速下 CO_2/原油/盐水体系下

J55 碳钢表面腐蚀产物膜的微观形貌图

3. 腐蚀产物膜成分分析

表 3-21 为图 3-40(a)~图 3-40(c)的面扫描能谱分析结果。腐蚀产物的主要元素为 O、Fe、C 和 Ca，说明腐蚀产物中有部分 $FeCO_3$中的 Fe^{2+}被 Ca^{2+}取

代。Ca元素随着流速的增大而减少，说明流速越大，$FeCO_3$中的Fe^{2+}越难被取代。流速为1.00m/s时，由于腐蚀产物较少，在腐蚀产物中同时发现基体元素Mn。

表3-21 不同流速下CO_2/原油/盐水体系下J55碳钢表面腐蚀产物膜能谱分析结果

元素	转速/(m/s)					
	0.25		0.50		1.00	
	质量/%	原子/%	质量/%	原子/%	质量/%	原子/%
C	9.09	19.26	19.71	32.83	28.64	46.64
O	32.99	52.46	41.56	51.97	32.17	39.33
Cl	—	—	—	—	0.11	0.06
Ca	10.53	6.68	9.36	4.67	2.08	1.01
Mn	—	—	—	—	0.97	0.35
Fe	47.39	21.59	29.37	10.52	36.03	12.62

4. 腐蚀深度分布

图3-41为不同流速下CO_2/原油/盐水体系下J55碳钢腐蚀深度频率密度分布图。表3-22为不同流速下CO_2/原油/盐水体系下J55碳钢腐蚀特征参数表。表3-23为不同流速下CO_2/原油/盐水体系下J55碳钢腐蚀深度频率密度分布曲线的高斯模型拟合方差分析表。

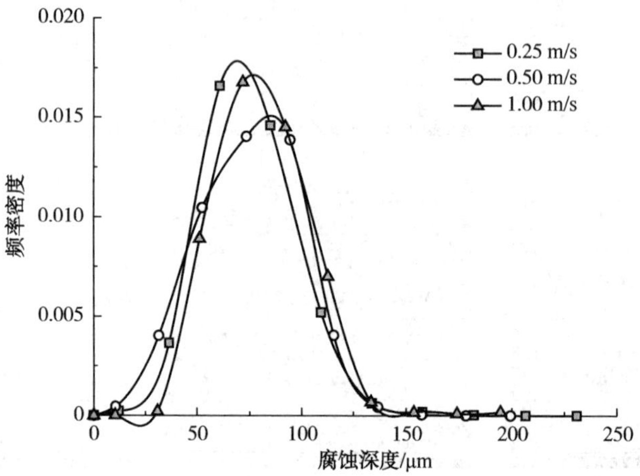

图3-41 不同流速下CO_2/原油/盐水体系下J55碳钢腐蚀深度频率密度分布图

表3-22 不同流速下CO_2/原油/盐水体系下J55碳钢腐蚀特征参数

流速/(m/s)	平均腐蚀速率/(mm/a)	最大腐蚀深度/μm	x_c/μm	w	$(h_{max}-x_c)$/μm
0.25	1.4297	242.544	72.476	43.562	170.068
0.50	2.3697	209.369	76.626	52.048	132.743
1.00	4.2016	204.413	79.544	45.490	124.869

表3-23 不同流速下CO_2/原油/盐水体系下J55碳钢腐蚀深度频率密度分布曲线的高斯模型拟合方差分析

项目		自由度	离差平方和	均方	F	$Prob>F$
整体	回归	6	0.00167	0.000278	527.67	0
	残差	27	0.0000142	0.000000527		
	未修正的合计	33	0.00168			
	修正的合计	30	0.00111			

由表3-22和表3-23可得，$Prob>F$小于0.01，表明图3-41中的频率密度分布曲线与高斯分布一致。参数x_c随着流速的增大而增大，与平均腐蚀速率测量结果一致。参数w变化不大，$h_{max}-x_c$随着流速的增大而减小，说明腐蚀深度频率密度分布曲线的拖尾程度逐渐减弱，腐蚀形态逐渐由局部腐蚀转变为均匀腐蚀。

5. 最大腐蚀深度及点蚀系数

图3-42为流速对CO_2/原油/盐水体系下J55碳钢最大腐蚀深度和点蚀系数的影响。最大腐蚀深度随着流速的增大而降低，流速大于0.50m/s后，最大腐蚀深度变化不大，主要原因为腐蚀类型由局部腐蚀转变为均匀腐蚀。点蚀系数随着流速的增大而减小，说明在高流速下点蚀倾向小。

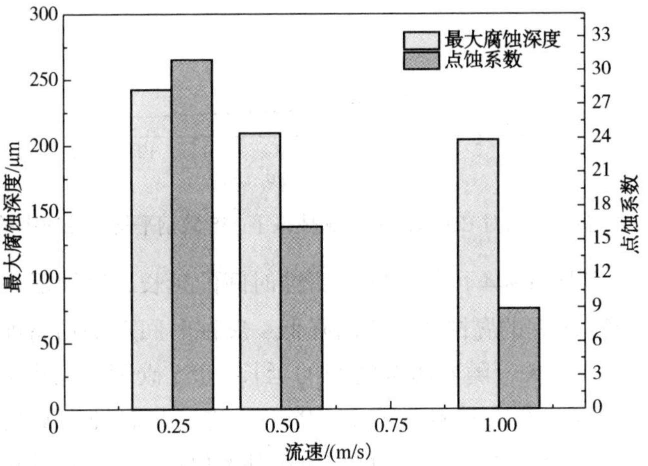

图3-42 流速对CO_2/原油/盐水体系下J55碳钢最大腐蚀深度和点蚀系数的影响

3.4.6 腐蚀时间的影响

1. 平均腐蚀速率

图3-43为J55碳钢在CO_2分压9MPa、温度65℃、模拟水矿化度33000mg/L、采出液含水率70%、流速0.5m/s的条件下，在不同腐蚀时间下

的腐蚀形貌。图 3-44 为腐蚀时间对 CO_2/原油/盐水体系下 J55 碳钢平均腐蚀速率的影响。

图 3-43　不同腐蚀时间下 CO_2/原油/盐水体系下 J55 碳钢的腐蚀形貌图(酸洗后)

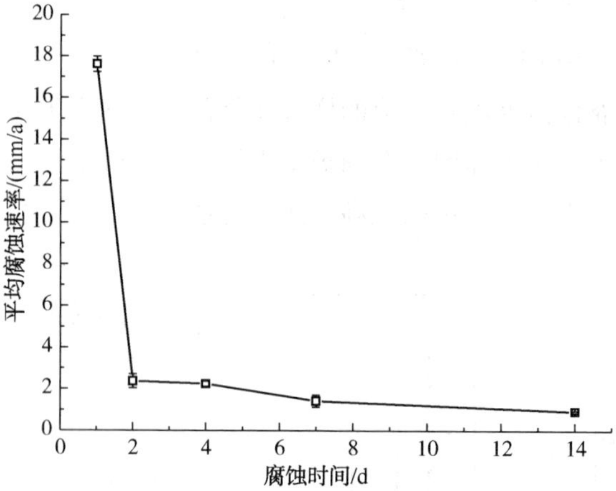

图 3-44　腐蚀时间对 CO_2/原油/盐水体系下 J55 碳钢平均腐蚀速率的影响

由图 3-43 和图 3-44 可得：随着腐蚀时间的延长，腐蚀形态由局部腐蚀转变为点蚀，J55 碳钢的腐蚀速率逐渐降低。腐蚀时间对平均腐蚀速率的影响与 $FeCO_3$膜的生成有关，随着腐蚀时间的延长，J55 碳钢表面生成的 $FeCO_3$膜也会增多增厚，腐蚀产物膜阻碍了 J55 碳钢的进一步腐蚀，腐蚀速率随之降低，并且在一定时间内降低到一个恒定值后基本保持不变。原油更容易吸附在增厚的 $FeCO_3$膜上，进一步增强防护性能，一旦出现缺陷，就会出现点蚀。腐蚀形态由局部腐蚀转变为均匀腐蚀，并进一步转变为点蚀。

2. 腐蚀产物膜微观形貌特征分析

图 3-45 为不同腐蚀时间下 CO_2/原油/盐水体系下 J55 碳钢表面腐蚀产物膜的微观形貌图。腐蚀产物随着腐蚀时间的延长逐渐增加，且腐蚀产物逐渐变得致密，其防护能力增强。腐蚀时间为 1d 时，腐蚀产物为孤立的球状，不能

连续覆盖在基体表面[图 3-45(d)]；随着腐蚀时间的延长，腐蚀产物逐渐变得连续，在腐蚀时间为 7d 时，形成了致密的腐蚀产物膜[图 3-45(e)]；腐蚀时间继续延长，腐蚀产物膜还会继续生长、变厚[图 3-45(f)]。

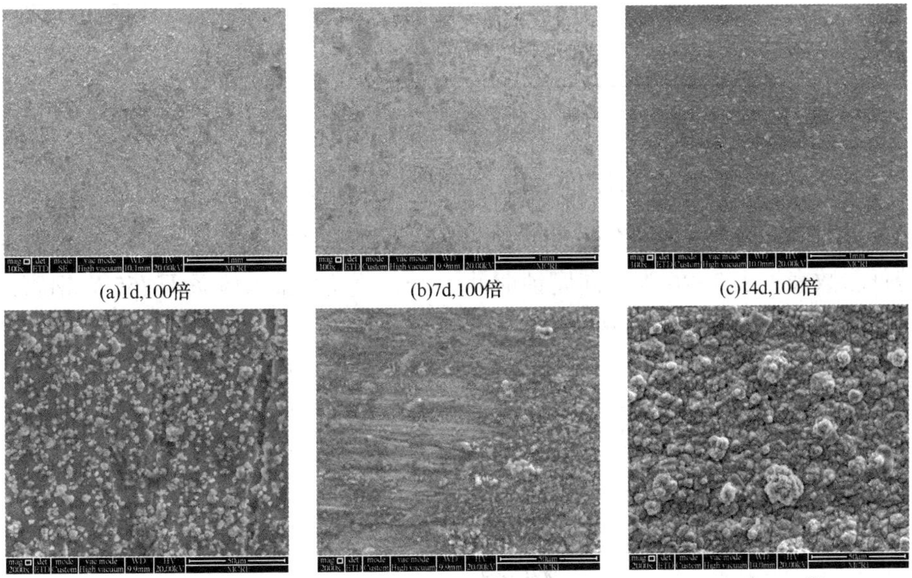

(a)1d,100倍　(b)7d,100倍　(c)14d,100倍

(d)1d,2000倍　(e)7d,2000倍　(f)14d,2000倍

图 3-45　不同腐蚀时间下 CO_2/原油/盐水体系下 J55 碳钢表面腐蚀产物膜的微观形貌图

3. 腐蚀产物膜成分分析

表 3-24 为图 3-45(a)~图 3-45(c)的面扫描能谱分析结果。腐蚀产物的主要元素为 O、Fe、C 和 Ca，说明腐蚀产物中有部分 $FeCO_3$ 中的 Fe^{2+} 被 Ca^{2+} 取代。腐蚀时间为 1d 时，腐蚀表面出现 Mn 元素，说明腐蚀产物膜较少。随着腐蚀时间的延长，腐蚀产物中出现 Cl 元素，说明出现了点蚀倾向。

表 3-24　不同腐蚀时间下 CO_2/原油/盐水体系下 J55 碳钢表面腐蚀产物膜能谱分析结果

元素	时间/d					
	1		7		14	
	质量/%	原子/%	质量/%	原子/%	质量/%	原子/%
C	4.37	10.54	37.21	53.68	12.94	26.83
O	29.83	53.96	32.99	35.73	30.04	46.75
Cl	—	—	0.34	0.16	0.50	0.35
Ca	6.78	4.90	8.37	3.62	3.35	2.08
Mn	2.18	1.15	—	—	—	—

续表

元素	时间/d					
	1		7		14	
	质量/%	原子/%	质量/%	原子/%	质量/%	原子/%
Fe	56.83	29.45	19.95	6.19	52.70	23.50
S	—	—	1.15	0.62	0.06	0.05

4. 腐蚀深度分布

图3-46为不同腐蚀时间下CO_2/原油/盐水体系下J55碳钢腐蚀深度频率密度分布图。表3-25为不同腐蚀时间下CO_2/原油/盐水体系下J55碳钢腐蚀特征参数表。表3-26为不同腐蚀时间下CO_2/原油/盐水体系下J55碳钢腐蚀深度频率密度分布曲线的高斯模型拟合方差分析表。

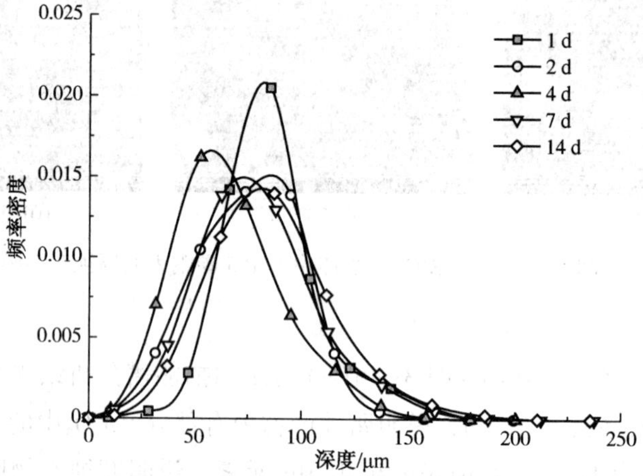

图3-46 不同腐蚀时间下CO_2/原油/盐水体系下J55碳钢腐蚀深度频率密度分布图

表3-25 不同腐蚀时间下CO_2/原油/盐水体系下J55碳钢腐蚀特征参数

腐蚀时间/d	平均腐蚀速率/(mm/a)	最大腐蚀深度/μm	x_c/μm	w	$(h_{max}-x_c)$/μm
1	17.6224	188.733	81.768	37.948	106.965
2	2.3697	209.369	76.626	52.048	132.743
4	2.2461	210.561	61.903	48.636	148.658
7	1.4204	249.877	75.627	52.843	174.250
14	0.9276	247.686	82.346	55.666	165.340

表 3-26　不同腐蚀时间下 CO_2/原油/盐水体系下 J55 碳钢腐蚀深度频率密度分布曲线的高斯模型拟合方差分析

项目		自由度	离差平方和	均方	*F*	*Prob>F*
整体	回归	10	0.00296	0.000296	306.5079	0
	残差	45	0.0000435	0.000000967		
	未修正的合计	55	0.00301			
	修正的合计	50	0.00176			

由图 3-46 可得，腐蚀深度频率密度分布曲线向左移动，说明腐蚀深度随着腐蚀时间的延长而减小。由表 3-25 和表 3-26 可得，*Prob>F* 小于 0.01，表明图 3-46 中的频率密度分布曲线与高斯分布一致。随着腐蚀时间的延长，腐蚀深度频率密度分布曲线跨度逐渐变大、尾部逐渐变长，说明 J55 碳钢腐蚀形态由局部腐蚀转变为点蚀。

5. 最大腐蚀深度及点蚀系数

图 3-47 展示了腐蚀时间对 CO_2/原油/盐水体系下 J55 碳钢最大腐蚀深度和点蚀系数的影响。最大腐蚀深度随着腐蚀时间的延长而增大，主要是腐蚀产物膜的性质造成的。点蚀系数随着腐蚀时间的延长而增大，说明随着腐蚀时间的延长，腐蚀坑向深部发展。

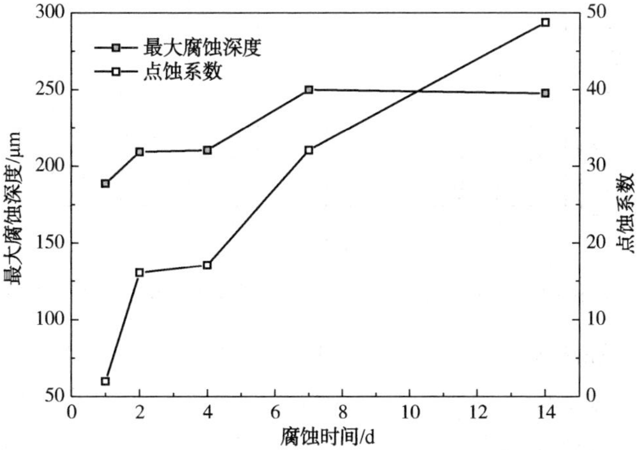

图 3-47　腐蚀时间对 CO_2/原油/盐水体系下 J55 碳钢最大腐蚀深度和点蚀系数的影响

3.4.7　乳化的影响

1. 平均腐蚀速率

图 3-48 为 J55 碳钢在 CO_2 分压 9MPa、温度 65℃、模拟水矿化度

33000mg/L、采出液含水率70%、流速0.5m/s、腐蚀时间48h的条件下，在不同乳化程度下的腐蚀形貌。图3-49展示了乳化剂加量对CO_2/原油/盐水体系下J55碳钢平均腐蚀速率的影响。

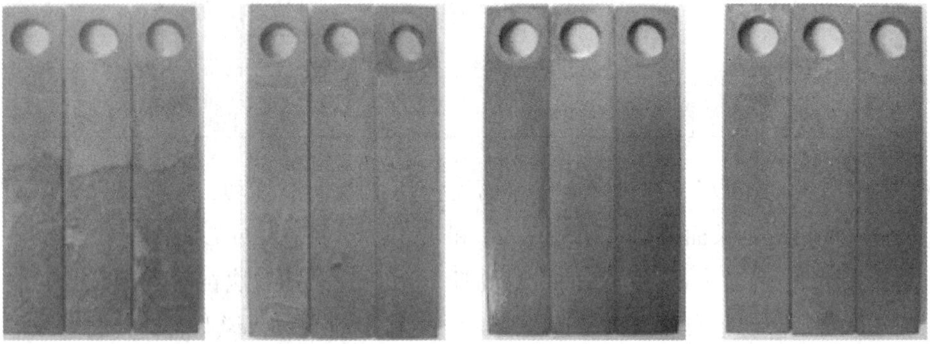

(a)0　　(b)0.25%　　(c)0.50%　　(d)1.00%

图3-48　不同乳化剂加量下CO_2/原油/盐水体系下J55碳钢腐蚀形貌(酸洗后)

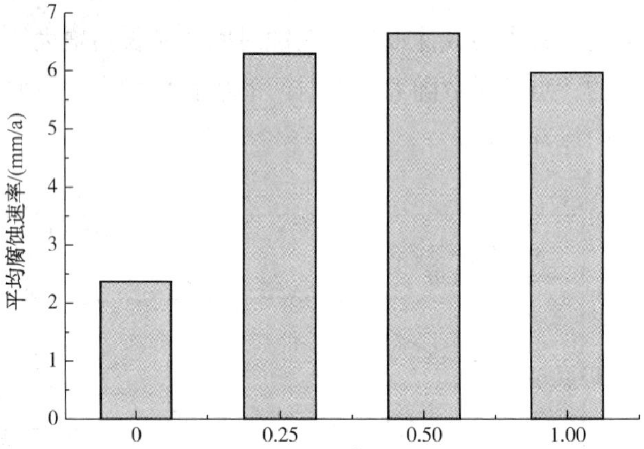

图3-49　乳化剂加量对CO_2/原油/盐水体系下J55碳钢平均腐蚀速率的影响

由图3-48和图3-49可得：随着OP-10的加入，腐蚀形态由局部腐蚀转变为均匀腐蚀，J55碳钢的腐蚀速率先增大后变化不大。图3-50为不同体系对J55碳钢表面润湿角的测定图像。表3-27为不同体系对J55碳钢表面润湿角的测定结果。乳化剂的加入使得盐水和原油对J55碳钢表面的润湿性增强，但盐水更容易润湿J55碳钢表面。同时，体系含水率高达70%，油相完全被水相包裹，不能与J55碳钢基体接触，无法在J55碳钢表面附着，故乳化剂加入后，腐蚀速率迅速增大。当乳化剂加量继续增加时，腐蚀介质完全达到稳定的乳化状态，故腐蚀速率变化不大。

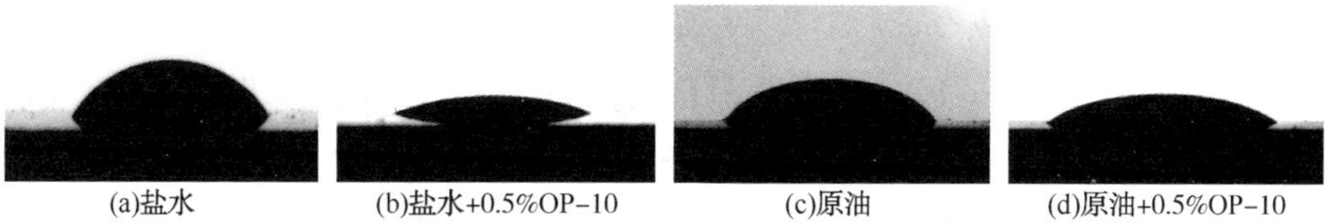

图 3-50　不同体系对 J55 碳钢表面润湿角的测定图像

表 3-27　不同体系对 J55 碳钢表面润湿角的测定结果　　单位：(°)

样品名称	盐水	盐水+0. 5%OP-10	原油	原油+0. 5%OP-10
润湿角	58. 45	19. 89	45. 20	27. 53

2. 腐蚀产物膜微观形貌特征分析

图 3-51 为不同乳化剂加量下 CO_2/原油/盐水体系下 J55 碳钢表面腐蚀产物膜的微观形貌图。腐蚀产物膜的致密程度随着乳化程度的增大而增大，且晶体颗粒逐渐变小。乳化剂加量为 0 时，腐蚀产物为胞状堆垛，且存在孔隙[图 3-51(d)]；乳化剂加量为 0. 25%时，腐蚀产物为不规则多面体堆垛，且存在孔隙，但较不加乳化剂时小[图 3-51(e)]；继续增大乳化剂加量，腐蚀产物均为不规则多面体堆垛，但晶体间再无明显孔隙[图 3-51(c)和图 3-51(f)]。主要原因是体系含水率高达 70%，乳化程度增大，油相完全被水相包裹，不能与 J55 碳钢基体接触，无法在腐蚀产物膜的孔隙中附着，新生的腐蚀产物填充孔隙，使得腐蚀产物膜完整而致密。

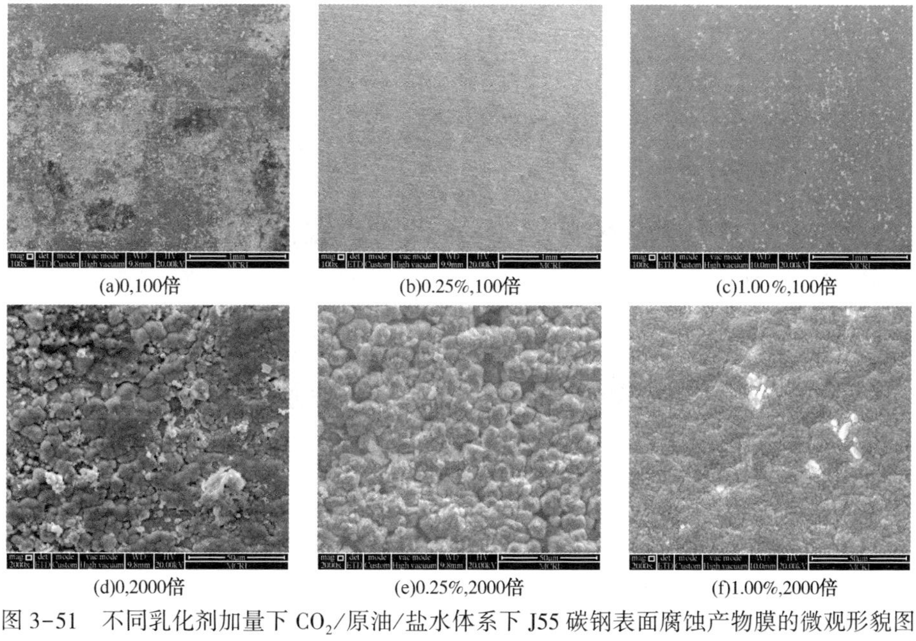

图 3-51　不同乳化剂加量下 CO_2/原油/盐水体系下 J55 碳钢表面腐蚀产物膜的微观形貌图

3. 腐蚀产物膜成分分析

表3-28为图3-51(a)~图3-51(c)的面扫描能谱分析结果。腐蚀产物的主要元素为O、Fe、C和Ca，说明腐蚀产物中有部分$FeCO_3$中的Fe^{2+}被Ca^{2+}取代。加乳化剂时，腐蚀产物表面出现Mn元素，说明腐蚀产物膜较少。

表3-28 不同乳化剂加量下CO_2/原油/盐水体系下J55碳钢表面腐蚀产物膜能谱分析结果

单位:%

元素	OP-10加量					
	0		0.25		1.00	
	质量	原子	质量	原子	质量	原子
C	19.71	32.83	14.35	29.46	2.56	6.11
O	41.56	51.97	28.87	44.50	33.06	59.30
Cl	—	—	—	—	0.66	0.53
Ca	9.36	4.67	5.45	3.35	6.43	4.60
Mn	—	—	0.76	0.34	1.08	0.57
Fe	29.37	10.52	50.58	22.34	56.21	28.89

图3-52为温度65℃、CO_2分压9MPa、模拟盐水矿化度33000mg/L、含水率70%时，不同乳化剂加量下J55碳钢腐蚀表面XRD图。加入OP-10乳化剂后不能影响J55碳钢表面产生的腐蚀产物膜的组分，其组分主要为$CaCO_3$和$FeCO_3$复合盐。说明乳化剂的加入不能改变CO_2/原油/盐水体系对J55碳钢的腐蚀本质。

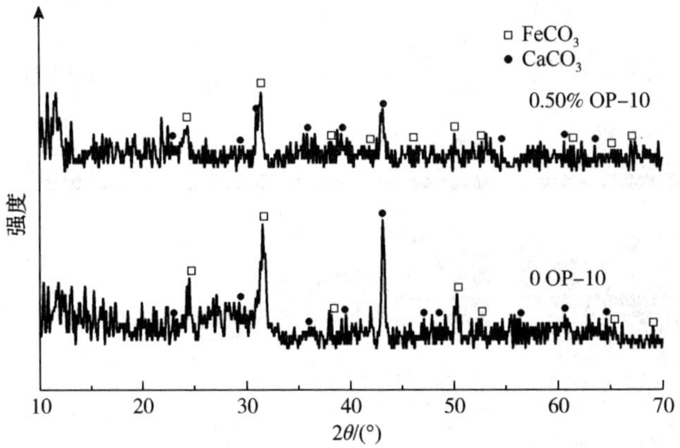

图3-52 不同乳化剂加量下J55碳钢腐蚀表面XRD图

4. 腐蚀深度分布

图 3-53 为不同乳化剂加量下 CO_2/原油/盐水体系下 J55 碳钢腐蚀深度频率密度分布图。表 3-29 为不同乳化剂加量下 CO_2/原油/盐水体系下 J55 碳钢腐蚀特征参数表。表 3-30 为不同乳化剂加量下 CO_2/原油/盐水体系下 J55 碳钢腐蚀深度频率密度分布曲线的高斯模型拟合方差分析表。

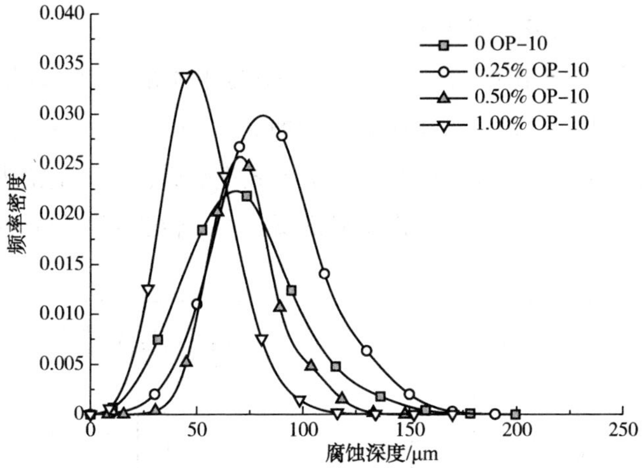

图 3-53　不同乳化剂加量下 CO_2/原油/盐水体系下 J55 碳钢腐蚀深度频率密度分布图

表 3-29　不同乳化剂加量下 CO_2/原油/盐水体系下 J55 碳钢腐蚀特征参数

OP-10 加量/%	平均腐蚀速率/(mm/a)	最大腐蚀深度/μm	x_c/μm	w	$(h_{max}-x_c)$/μm
0	2. 3697	209. 369	68. 119	40. 854	141. 250
0. 25	6. 2918	199. 327	81. 629	33. 276	117. 698
0. 50	6. 6492	146. 309	70. 553	30. 948	75. 756
1. 00	5. 9680	178. 002	49. 556	26. 133	128. 446

表 3-30　不同乳化剂加量下 CO_2/原油/盐水体系下 J55 碳钢腐蚀深度频率密度分布曲线的高斯模型拟合方差分析

项目		自由度	离差平方和	均方	F	$Prob>F$
整体	回归	8	0. 00554	0. 000692	52. 42391	0
	残差	36	0. 000475	0. 0000132		
	未修正的合计	44	0. 00601			
	修正的合计	40	0. 00385			

由图 3-53 可得，腐蚀深度频率密度分布曲线先向右再向左移动，说明腐

蚀速率随着乳化剂加量的增大而先增大后减小。由表 3-29、表 3-30 可得，*Prob>F* 小于 0.01，表明图 3-53 中的频率密度分布曲线与高斯分布一致。参数 w 随着乳化剂加量的增加逐渐降低，说明腐蚀深度越来越集中，腐蚀产物膜对 J55 碳钢的保护性增强；腐蚀深度频率密度分布曲线随着乳化剂加量的增加尾部先变短后增大，说明腐蚀类型由局部腐蚀转变为均匀腐蚀，继续增大乳化剂会引发点蚀趋势。

5. 最大腐蚀深度及点蚀系数

图 3-54 展示了乳化剂加量对 CO_2/原油/盐水体系下 J55 碳钢最大腐蚀深度和点蚀系数的影响。随着乳化剂加量的增大，J55 碳钢表面点蚀系数的变化趋势与最大腐蚀深度的变化趋势相同。加入乳化剂后，总体上最大腐蚀深度和点蚀系数明显降低，说明腐蚀形态由局部腐蚀逐渐转变为均匀腐蚀。

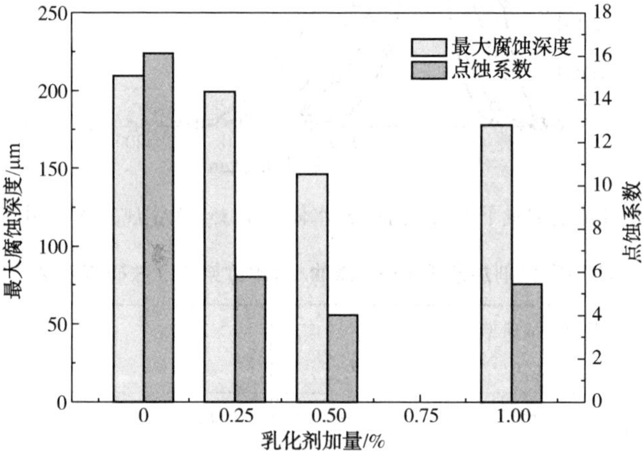

图 3-54　乳化剂加量对 CO_2/原油/盐水体系下 J55 碳钢最大腐蚀深度和点蚀系数的影响

3.5　本章小结

在 CO_2-EOR 过程中，J55 碳钢的点蚀是一个非常复杂的过程，腐蚀影响因素有很多，本章结合 CO_2-EOR 过程中油管腐蚀的现场实际情况，通过失重腐蚀速率测定、腐蚀产物形貌观察、腐蚀产物膜成分分析、腐蚀深度测量及深度分布分析等，采用控制单因素变量的方法探讨了含水率、温度、CO_2分压、矿化度、流速、腐蚀时间和乳化程度等体系因素对 CO_2/原油/盐水体系中 J55 碳钢 CO_2腐蚀的影响，同时对比研究了温度和矿化度对 CO_2/盐水体系中 J55 碳钢 CO_2腐蚀的影响，主要得到以下结论：

（1）在相同腐蚀条件下，J55碳钢在CO_2/原油/盐水体系中的腐蚀速率远低于在CO_2/盐水体系中的腐蚀速率，原油的缓蚀作用明显。原油改变了腐蚀形态。

（2）J55碳钢在CO_2/原油/盐水体系中的平均腐蚀速率随着含水率的升高而增大。低含水率（<50%）时，腐蚀产物较少，最大腐蚀深度和点蚀系数较小，腐蚀形态为均匀腐蚀；随着含水率的增大，腐蚀产物增加，最大腐蚀深度和点蚀系数迅速增大，腐蚀形态变为局部腐蚀。

（3）随着温度的升高，J55碳钢在CO_2/原油/盐水体系中的平均腐蚀速率和最大腐蚀深度先增大后减小，点蚀系数逐渐减小。温度≤65℃时，腐蚀产物较少，随着温度的升高，腐蚀产物增加。腐蚀形态为局部腐蚀。

（4）随着CO_2分压的增大，平均腐蚀速率先增大后减小，然后继续增大，最后趋于稳定。主要原因是CO_2分压升高，使得体系的pH值发生变化，导致腐蚀产物膜发生变化，引起腐蚀速率变化。CO_2/原油/盐水体系中J55碳钢的腐蚀形态为局部腐蚀。

（5）随着矿化度的升高，J55碳钢在CO_2/原油/盐水体系中的平均腐蚀速率逐渐增大，最大腐蚀深度和点蚀系数先增大后减小。矿化度为0时，腐蚀产物少且均匀，腐蚀形态为均匀腐蚀；矿化度增大，在CO_2/原油/盐水体系中形成台地腐蚀；矿化度继续增大，由于体系溶液导电性增加，导致体系活化能力增强，形成均匀腐蚀。

（6）随着流速的增大，J55碳钢在CO_2/原油/盐水体系中的平均腐蚀速率逐渐增大，点蚀系数和最大腐蚀深度逐渐减小，腐蚀产物膜逐渐变薄，腐蚀形态由局部腐蚀转变为均匀腐蚀。

（7）随着腐蚀时间的延长，J55碳钢在CO_2/原油/盐水体系中的平均腐蚀速率逐渐减小，点蚀系数和最大腐蚀深度逐渐增大，腐蚀产物膜逐渐变得厚且致密，腐蚀形态由局部腐蚀转变为点蚀。

（8）随着乳化剂加量的增加，J55碳钢在CO_2/原油/盐水体系中的平均腐蚀速率在迅速增大后趋于稳定，最大腐蚀深度先减小后增大，点蚀系数逐渐减小，腐蚀产物膜逐渐变得厚且致密。

（9）不同腐蚀条件下的腐蚀产物成分均相同，主要为$CaCO_3$和$FeCO_3$复合盐。

第4章 CO_2-EOR 过程中 J55 碳钢点蚀电化学行为

4.1 前言

目前，一般都是通过在电化学工作站研究金属腐蚀电化学行为来探讨腐蚀机理，常用三电极腐蚀体系来测试电化学阻抗谱，常用极化曲线来获取腐蚀过程的动力学参数。腐蚀产物膜在腐蚀进程中起着至关重要的作用，因而须对腐蚀产物膜的生长过程、结构特征、黏附能力及对基体的保护作用进行研究。对腐蚀后试样进行横截面微观观察，能够更加直观地研究腐蚀产物微观结构、生长特征，再结合由电化学阻抗谱拟合的腐蚀等效电路来阐明腐蚀机理。

在研究 CO_2腐蚀产物膜的结构、组分和对金属基体起到的作用方面取得了一定的进展。腐蚀产物膜横截面观察与元素分析结合的方法是研究腐蚀产物膜的结构、组分和形成过程的重要手段。孙冲等分析了 J55 碳钢浸泡在温度 76℃、CO_2分压 10.2MPa、流速 1m/s、含水率分别为 75%和 100%的油、水混合物中 480h 后的腐蚀截面上 S 元素和 Cl 元素的分布，结果表明：S 元素在含水率为 75%和 100%的油、水混合物的腐蚀产物膜中都是由内到外均匀分布，此外 Cl 元素也是由内到外均匀分布，但在点蚀坑内迅速增大。Eliyan 等用 SEM 和 EDS 分析了 API-X100 钢在 CO_2饱和溶液中腐蚀产物膜横截面的微观结构和元素分布。腐蚀产物膜对腐蚀过程的影响主要通过电化学测试来实现，由于 CO_2高温高压原位电化学测试系统十分复杂，受实验设备限制，一般都采用常温离位测量，即首先在高温高压条件下生成腐蚀产物膜，然后在常压条件下进行电化学测试。Tan 等和赵大伟都在高温高压条件下合成腐蚀产物膜，并在常压下进行了腐蚀电化学测试。中国石油天然气集团有限公司石油管材研究所的陈长风、路民旭和赵国仙等对 CO_2腐蚀产物膜的电化学性质做了大量的研究，研究材质包括 J55 碳钢、N80 碳钢和多种低 Cr 钢。以上研究均只考虑了纯水相体系生成的腐蚀产物膜，未考虑原油对腐蚀产物膜形成过程的影响及其电化学性质。大量研究表明，原油不仅对 CO_2腐蚀具有明显的缓蚀作用，还能够改变腐蚀产物膜的形貌及晶粒尺寸。因此，含原油体系下生成的腐蚀产物膜必然与纯水相体系下生成的腐蚀产物膜不同，与基体和腐蚀体系之间的电化学作用也不同。目前，对 CO_2/原油/盐水体系下的腐蚀产物膜的生成过程和电化学性质都缺乏足够的研究。

本章研究 CO_2/盐水体系因素对 J55 碳钢的腐蚀电化学行为影响，并使用高温高压反应釜模拟不同腐蚀条件，在 CO_2/盐水体系和 CO_2/原油/盐水体系中 J55 碳钢表面预先生成腐蚀产物膜，采用交流阻抗技术和动电位极化技术研究腐蚀产物膜覆盖条件下 J55 碳钢的 CO_2电化学腐蚀特性，明确腐蚀产物膜对平均腐蚀速率和点蚀的影响机制。

4.2　仪器与试剂

主要实验仪器见表 4-1，主要试剂见表 4-2。

表 4-1　主要实验仪器

实验仪器	生产厂家
PARR-4578 高温高压反应釜	美国 PARR 公司
Par-2273 电化学工作站	美国普林斯顿公司

表 4-2　主要试剂

主要试剂	规格	生产厂家
氯化钠	分析纯	天津市河东区红岩试剂厂
盐酸		
碳酸氢钠		
无水硫酸钠		
石油醚		
无水乙醇		
六亚甲基四胺		
乳化剂 OP-10		天津市天力化学试剂有限公司
无水氯化钙		天津市河东区红岩试剂厂
六水氯化镁		郑州派尼化学试剂厂

4.3　实验方法

4.3.1　实验材料及腐蚀介质

实验试片材质、模拟盐水和原油的组分与 3.3.1 中相同，工作电极材质为 J55 碳钢，形状为 ϕ10mm×10mm 圆柱体，工作截面积为 0.785cm^2。将电极用环氧树脂封装，固化后用240#、320#、600#、800#、1000#和1200#碳化硅砂纸逐级打磨至镜面效果，对工作面进行脱脂脱水处理，干燥后待用。

4.3.2 表面有腐蚀产物膜电极的制备

在PARR-4578高温高压反应釜中开展失重法腐蚀实验时，将打磨至光亮、干燥后的电极放入高温高压反应釜中，按照设定条件及失重法腐蚀实验方法进行。腐蚀反应结束后，首先用石油醚和无水乙醇冲洗电极表面，然后用三电极电化学测试系统在CO_2保护下，测试CO_2饱和的腐蚀介质中表面有腐蚀产物膜的J55碳钢腐蚀电化学性质。

同时，将腐蚀后试片用石油醚和无水乙醇清洗，用冷风吹干，并用环氧树脂封装，固化后，将横截面打磨至镜面效果，在显微镜下观察腐蚀产物膜的横截面(图4-1)。

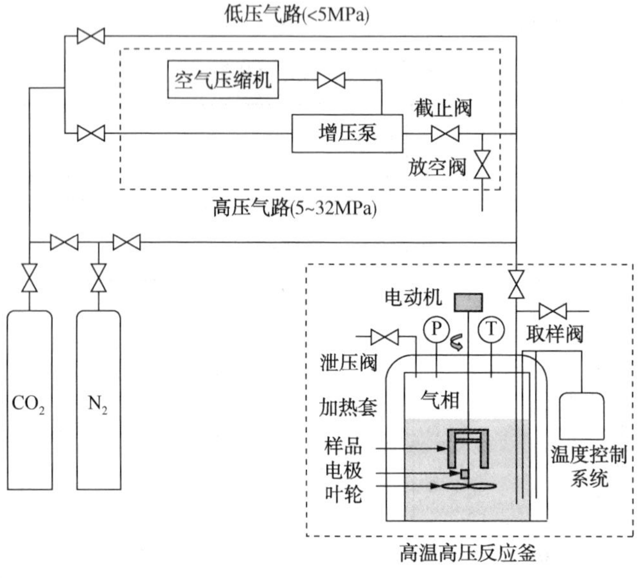

图4-1　制备表面有腐蚀产物膜的电极实验流程图

4.3.3 电化学性质测定方法

本实验采用三电极测试体系进行电化学阻抗谱和动电位极化曲线测试，以J55碳钢为工作电极(Working Electrode，WE)，以石墨为辅助电极(Counter Electrode，CE)，以饱和KCl溶液的甘汞电极(SCE)为参比电极(Reference Electrode，RE)。在EG&G公司的玻璃电解池中加入1000mL腐蚀介质，压力为

0.1MPa 条件下通入氮气 4h 除氧，再通入 4h CO_2使溶液处于 CO_2饱和状态。升温至预定温度，快速放入工作电极，密封，继续通入 CO_2形成 CO_2保护氛围。测试开路电位，待电极稳定后进行电化学阻抗谱测试，然后进行动电位极化曲线测试。电化学阻抗谱测试频率范围为 10mHz 至 100kHz，交流激励信号幅值为 10mV。动电位极化曲线测试由阴极向阳极进行，扫描速率为 0.1660mV/s，电位扫描范围为-0.25~2.00V（相对开路电位）。测试数据用电化学工作站自带软件 PowerSuite2.5.8.0 进行分析。Par-2273 电化学工作站如图 4-2 所示。

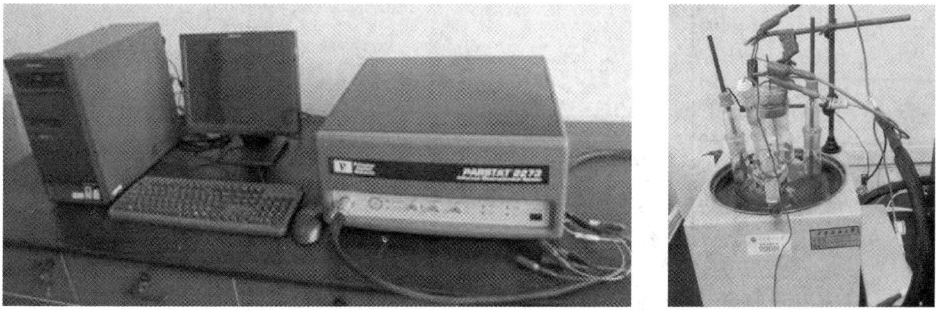

(a)电化学工作站　　(b)三电极电化学测试体系

图 4-2　Par-2273 电化学工作站

4.4　体系因素对点蚀电化学行为的影响

4.4.1　温度的影响

使用三电极电化学测试体系研究不同温度对 CO_2饱和 33000mg/L 的模拟矿化水点蚀的影响。在自腐蚀电位下测试温度对 CO_2/盐水体系下 J55 碳钢阻抗的影响，如图 4-3 所示，温度对 CO_2/盐水体系下 J55 碳钢动电位的影响如图 4-4 所示。表 4-3 展示了不同温度下 CO_2/盐水体系下 J55 碳钢极化曲线拟合数据。

由图 4-3 可得，反应电阻随着温度的升高而减小，即腐蚀速率逐渐增大。随着腐蚀温度的升高，交流阻抗谱发生了很大的变化：温度较低（30℃）时，整个交流阻抗谱由单容抗弧构成；随着温度的升高（50~65℃），低频区出现感抗弧；温度进一步升高（80~90℃），低频区感抗弧消失，出现容抗弧，阻抗表现出双容抗弧特征。这种腐蚀行为的变化是由温度变化引起腐蚀产物膜变化造成的。当温度较低时，试样表面很难形成腐蚀产物膜，腐蚀反应受活化控制。

当温度升高时，试样表面出现腐蚀产物膜，但覆盖度不高，试样表面大部分区域处于裸露活化状态，故出现低频感抗。此时，影响电极的电化学行为的因素为电极电位、腐蚀产物膜覆盖度；当温度继续升高时，腐蚀产物膜的覆盖度增大，试样表面的活化区域减小，低频感抗消失，出现容抗弧，交流阻抗谱出现双容抗弧的特征，说明腐蚀产物膜完整且覆盖度较大，在该状态下容易产生点蚀。

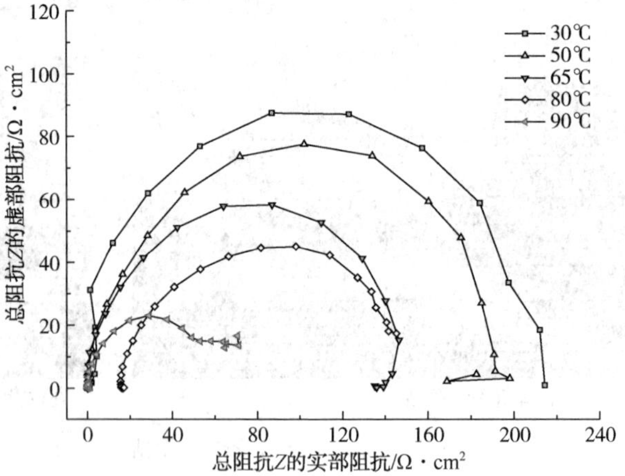

图 4-3　温度对 CO_2/盐水体系下 J55 碳钢阻抗的影响

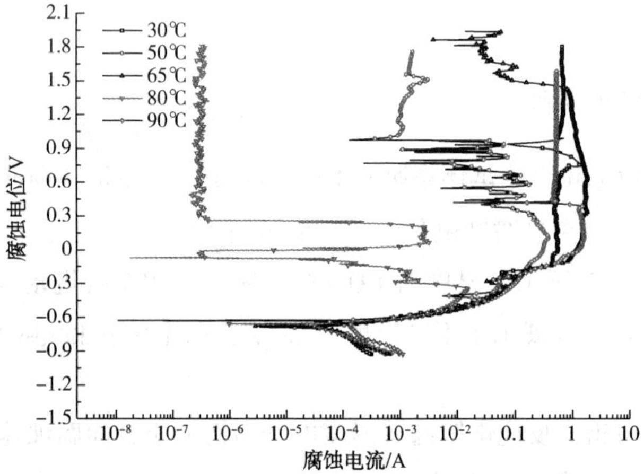

图 4-4　温度对 CO_2/盐水体系下 J55 碳钢动电位的影响

由图 4-4 和表 4-3 可得，随着温度的升高，腐蚀电位正移。在 50℃及以下时，腐蚀电位变化不大，50℃以上时，腐蚀电位升高，50~90℃，腐蚀电位上升了 59.71mV。主要原因为温度影响腐蚀产物膜的生长，在 65℃左右时腐

蚀产物 $FeCO_3$发生溶解现象，即 $FeCO_3$的溶解度随着温度升高反而降低，在 65~90℃时，由于溶解度降低，$FeCO_3$逐渐沉积在 J55 碳钢表面上，形成一层具有保护作用的腐蚀产物膜，使腐蚀电位升高。随着温度的升高，阳极极化曲线左移，说明阳极反应受到抑制；在整个测试温度范围内，阳极极化曲线都比较平坦，形状没有很大的变化，说明 J55 碳钢的阳极溶解反应比较容易进行，阳极极化率较低，阳极反应机理没有发生变化。同时，阳极极化曲线的 Tafel 斜率 Ba 随着温度的升高变化不大，说明温度对阳极反应机理无明显的影响；而阴极极化曲线的 Tafel 斜率 Bc 随着温度的升高先减小后增大，表明阴极反应机理发生了变化。所以，J55 碳钢在不同温度下的腐蚀控制步骤为阴极反应。

表 4-3　不同温度下 CO_2/盐水体系下 J55 碳钢极化曲线拟合数据

温度/℃	E_{corr}/mV	I_{corr}/(mA/cm^2)	Ba/mV	Bc/mV
30	-689. 37	724. 4	85. 972	440. 80
50	-688. 29	795. 7	70. 621	304. 47
65	-676. 52	597. 3	67. 598	278. 76
80	-658. 29	208. 3	56. 738	159. 84
90	-628. 58	717. 8	56. 689	259. 82

在 80℃时，动电位极化曲线与其他曲线明显不同，在-0. 35V 处开始出现明显的钝化区。主要原因为温度在 65℃以下时，碳钢表面不易形成腐蚀产物膜；温度继续升高，碳钢表面传质加速，导致不易发生钝化。动电位极化曲线上出现多个阳极电流峰，第一个电流峰出现在阴极极化之后，此时电极表面主要发生 Fe 的溶解。随着极化电位变正，由于溶液中存在 HCO_3^-，电极表面由于 HCO_3^-的吸附抑制了 Fe 的溶解反应，所有阳极电流达到最大值后逐渐减小，导致出现第一个阳极峰。随着电位的继续增加，电极表面吸附的 HCO_3^-浓度逐渐增大，由于 HCO_3^-与 $FeCO_3$发生反应，破坏了钝化膜的完整性，使得极化电流增大，同时 CO_3^{2-}与 Fe^{2+}发生反应产生 $FeCO_3$修复了钝化膜，两种反应竞争的结果是阳极峰的出现。

4. 4. 2　矿化度的影响

在 65℃时，使用三电极电化学测试体系研究不同矿化度对 CO_2饱和的模拟矿化水点蚀的影响。矿化度对 CO_2/盐水体系下 J55 碳钢阻抗的影响如图 4-5

所示，矿化度对CO_2/盐水体系下J55碳钢动电位的影响如图4-6所示。表4-4展示了不同矿化度下CO_2/盐水体系下J55碳钢极化曲线拟合数据。

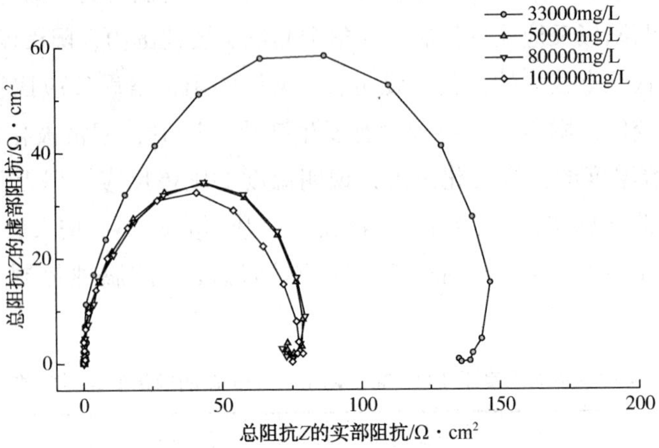

图4-5　矿化度对CO_2/盐水体系下J55碳钢阻抗的影响

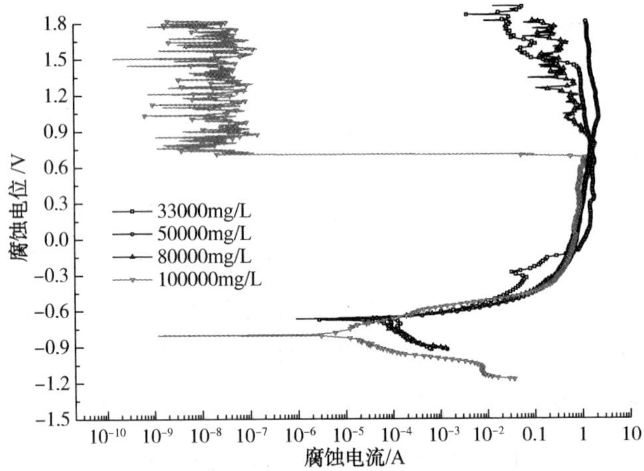

图4-6　矿化度对CO_2/盐水体系下J55碳钢动电位的影响

表4-4　不同矿化度下CO_2/盐水体系下J55碳钢极化曲线拟合数据

矿化度/(mg/L)	E_{corr}/mV	I_{corr}/(mA/cm²)	Ba/mV	Bc/mV
33000	-676.52	597.3	67.598	278.76
50000	-667.76	737.6	68.171	238.61
80000	-661.55	319.4	59.167	241.66
100000	-804.52	277.5	82.083	88.89

由图 4-5 可得，反应电阻 R_t 随着矿化度的增大先减小后增大，即腐蚀速率随着矿化度的增大先增大后减小，其主要原因是随着矿化度的增大，体系的电导率增大，导致反应电阻 R_t 减小。当矿化度继续增大时，体系中的成垢离子 Ca^{2+} 含量增加，在试样表面出现了完整的腐蚀产物膜，导致反应电阻增大。阻抗出现了低频感抗，说明试样表面的腐蚀产物膜覆盖度不高，部分区域处于裸露活化状态。

由图 4-6 和表 4-4 可得，在矿化度≤80000mg/L 时，腐蚀电位变化不大，矿化度>80000mg/L 时，腐蚀电位先增大后减小。在整个测试矿化度范围内，阳极极化曲线都比较平坦，形状没有很大的变化，说明阳极反应机理没有发生变化。同时，阳极极化曲线的 Tafel 斜率 *Ba* 随着矿化度的增大变化不大，说明矿化度对阳极反应机理无明显的影响作用；而阴极极化曲线的 Tafel 斜率 *Bc* 变化较大。所以，J55 碳钢在不同温度下的腐蚀控制步骤为阴极反应。动电位极化曲线上出现多个阳极电流峰，与不同温度下的动电位极化曲线相同，机理也相同。当矿化度小于 100000mg/L 时，钝化区不明显；当矿化度等于 33000mg/L 时，在 1.42V 时开始出现钝化区；当矿化度等于 80000mg/L 时，在 0.80V 时出现钝化区。矿化度大于或等于 100000mg/L 时，动电位极化曲线发生了明显的变化，出现了明显的钝化区。矿化度等于 100000mg/L 时，在 0.67V 时开始出现钝化区，主要原因为随着矿化度的增大，体系中二价阳离子含量增加，更容易在电极表面形成具有保护作用的腐蚀产物膜。整体表现为随着矿化度的增大，钝化电位逐渐负移。在钝化区间，电流呈现不同振幅的波动，表明 J55 碳钢表面钝化膜发生了多次微小程度的活化溶解和快速成膜钝化的现象。

4.5　腐蚀产物膜对 CO_2 点蚀电化学行为的影响

4.5.1　CO_2/盐水体系产生的腐蚀产物膜的影响

1. 不同温度下产生的腐蚀产物膜的影响

将制作好的电极固定在高温高压反应釜中，腐蚀介质为 33000mg/L 的模拟矿化水，CO_2 分压为 9MPa，腐蚀时间为 48h，流速为 0.5m/s，设置不同的腐蚀温度。腐蚀反应结束后，在对应实验温度下测试 CO_2 气氛下 CO_2 饱和 33000mg/L 模拟矿化水对有腐蚀产物膜的 J55 碳钢腐蚀电化学性质。不同温度下 CO_2/盐水体系产生腐蚀产物膜的阻抗如图 4-7 所示，温度对 CO_2/盐水体系下 J55 碳钢腐蚀产物膜结构的影响如图 4-8 所示，不同温度下 CO_2/盐水体系产生腐蚀产物膜的极化曲线如图 4-9 所示。表 4-5 展示了带有不同温度下产生腐蚀产物膜的 J55 碳钢极化曲线拟合数据。

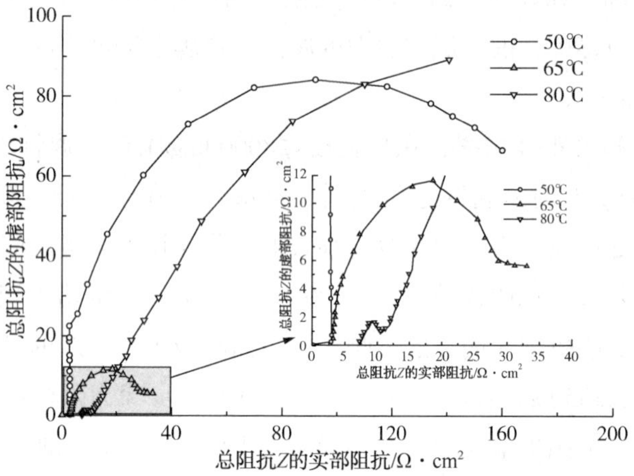

图 4-7　不同温度下 CO_2/盐水体系下产生腐蚀产物膜的阻抗

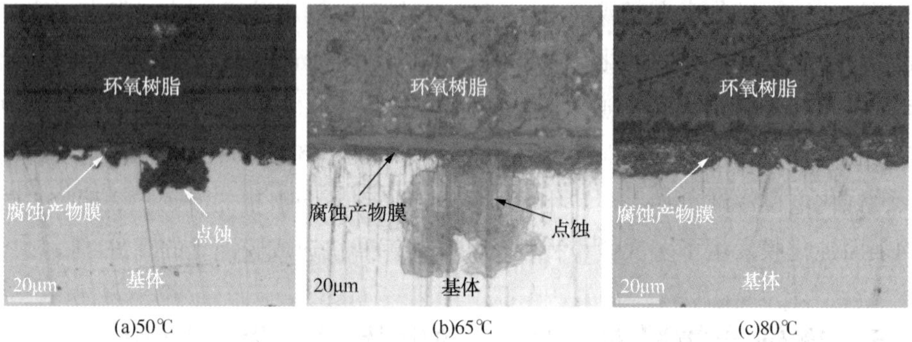

图 4-8　温度对 CO_2/盐水体系下 J55 碳钢腐蚀产物膜结构的影响

由图 4-7 和图 4-8 可得：50℃时，腐蚀产物较少，出现点蚀，产生腐蚀产物膜 J55 碳钢的阻抗谱为单一容抗弧，因电极表面腐蚀产物膜较少，腐蚀受活化控制，部分腐蚀产物膜覆盖不到的地方可能出现点蚀；65℃时，腐蚀产物膜致密，阻抗谱低频区出现萎缩的容抗弧，此时电极表面覆盖有孔洞缺陷的腐蚀产物膜，容易出现点蚀，在图 4-8(b) 中也观察到了点蚀；80℃时，腐蚀产物膜较为完整，阻抗谱高频区为容抗弧，低频区为 Warburg 阻抗直线与容抗弧叠加的曲线，这说明腐蚀过程不只受离子扩散穿过腐蚀产物膜控制，还应该有一个附加的电极过程影响的腐蚀电流。

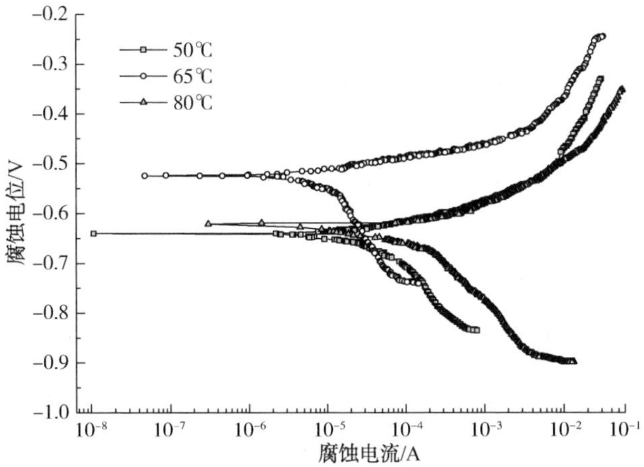

图 4-9　不同温度下 CO_2/盐水体系下产生腐蚀产物膜的极化曲线

表 4-5　带有不同温度下产生腐蚀产物膜的 J55 碳钢极化曲线拟合数据

温度/℃	E_{corr}/mV	I_{corr}/(mA/cm^2)	Ba/mV	Bc/mV
50	-640.24	51.11	57.746	206.383
65	-524.74	23.41	58.171	559.138
80	-621.15	65.03	53.171	176.408

由图 4-9 和表 4-5 可得，在实验条件下，随着温度的升高，腐蚀电位正移后负移，腐蚀电流密度先减小后增大。说明 65℃下产生的腐蚀产物膜对基体保护作用更强，与前文中 SEM 观察结果一致。在整个测试范围内，阳极极化曲线都比较平坦，形状没有很大的变化，说明 J55 碳钢的阳极反应主要是溶解反应，阳极反应机理没有发生变化。同时，阳极极化曲线的 Tafel 斜率 Ba 随着温度的升高变化不大，说明温度对阳极反应机理没有明显的影响作用；而阴极极化曲线的 Tafel 斜率 Bc 随着温度的升高先减小后增大，表明阴极反应机理发生了变化。所以，J55 碳钢在不同温度下的腐蚀控制步骤为阴极反应。65℃时，阳极活化区较小，也能说明 65℃下产生的腐蚀产物膜对 J55 碳钢的基体保护作用较强。

2. 不同矿化度下产生的腐蚀产物膜的影响

将制作好的电极固定在高温高压反应釜中，CO_2分压为 9MPa，腐蚀温度为 65℃，腐蚀时间为 48h，流速为 0.5m/s，腐蚀介质为不同矿化度的模拟矿化水。腐蚀反应结束后，在 65℃下，测试 CO_2气氛下 CO_2饱和对应矿化度的模拟矿化水对有腐蚀产物膜的 J55 碳钢电化学性质。不同矿化度模拟矿化水下 CO_2/盐水体系产生腐蚀产物膜的阻抗如图 4-10 所示，矿化度对 CO_2/盐水体系下 J55 碳钢腐蚀产物膜结构的影响如图 4-11 所示，不同矿化度模拟矿化水下 CO_2/盐水体系产生腐蚀产物膜的极化曲线如图 4-12 所示。表 4-6 展示了带有不同矿化度下产生腐蚀产物膜的 J55 碳钢极化曲线拟合数据。

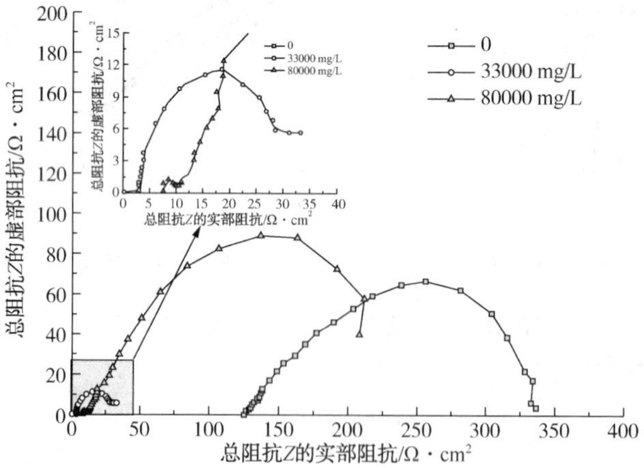

图 4-10　不同矿化度模拟矿化水下 CO_2/盐水体系产生腐蚀产物膜的阻抗

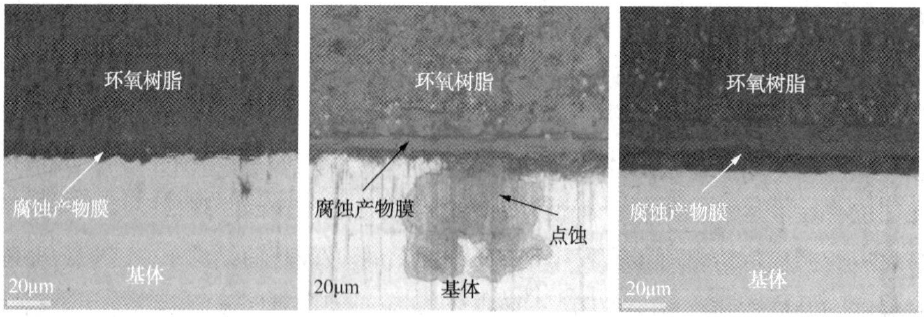

(a)0　(b)3300mg/L　(c)80000mg/L

图 4-11　矿化度对 CO_2/盐水体系下 J55 碳钢腐蚀产物膜结构的影响

由图 4-10 和图 4-11 可得，溶液电阻 R_s 随着矿化度的增大而减小，主要原因是矿化度增大导致体系电导率增大。矿化度为 0 时，产生的腐蚀产物膜薄，但致密。体系的电导率较小，溶液电阻较大，故阻抗谱离原点较远，阻抗谱为单一容抗弧，反应受活化控制。矿化度为 33000mg/L 和 80000mg/L 时，阻抗谱均表现为双容抗弧的特征。矿化度为 33000mg/L 时，低频区的容抗弧表现不明显。矿化度为 80000mg/L 时，产生的腐蚀产物膜为双层膜，外层膜有明显的微孔道，阻抗谱低频区容抗弧半径远大于高频区容抗弧半径，说明腐蚀主要受腐蚀产物膜的影响。

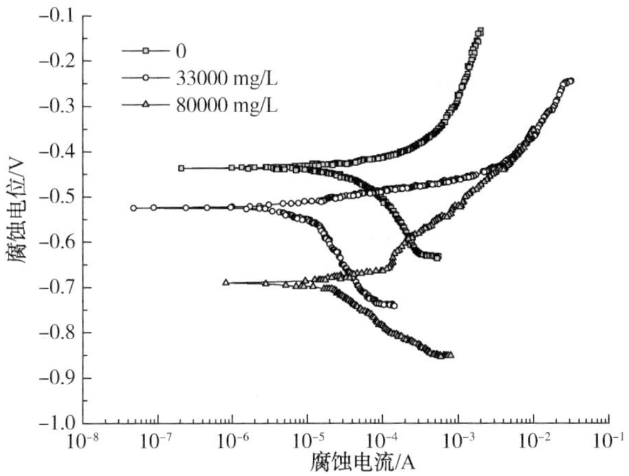

图 4-12　不同矿化度模拟矿化水下 CO_2/盐水体系产生腐蚀产物膜的极化曲线

表 4-6　带有不同矿化度下产生腐蚀产物膜的 J55 碳钢极化曲线拟合数据

矿化度/(mg/L)	E_{corr}/mV	I_{corr}/(mA/cm^2)	Ba/mV	Bc/mV
0	-436.59	108.0	95.558	311.975
33000	-524.74	65.0	183.171	176.408
80000	-689.91	68.3	30.200	110.151

由图 4-12 和表 4-6 可得，在实验条件下，随着矿化度的增大，腐蚀电位负移，腐蚀电流密度先减小后增大。在整个测试范围内，阳极极化曲线都比较平坦，形状没有很大的变化，说明 J55 碳钢阳极主要进行溶解反应，阳极反应机理没有发生变化。同时，阳极极化曲线的 Tafel 斜率 *Ba* 随着矿化度的增大变化不大，说明矿化度对阳极反应机理没有明显的影响作用；而阴极极化曲线的 Tafel 斜率 *Bc* 随着矿化度的增大逐渐减小，表明阴极反应机理发生了变化。所以，J55 碳钢在不同矿化度下的腐蚀控制步骤为阴极反应。由阳极活化区的面积比较可以看出，虽然矿化度为 0 时的腐蚀产物膜薄，但防护效果很好；矿化度为 80000mg/L 时，J55 碳钢阳极溶解，产生的 Fe^{2+} 能够和高矿化度的阴离子反应迅速修复腐蚀产物膜，阻止基体的进一步溶解。

3. 不同流动状态下产生的腐蚀产物膜的影响

将制作好的电极固定在高温高压反应釜中，腐蚀压力为 9MPa，腐蚀温度为 65℃，腐蚀时间为 48h，腐蚀介质为 33000mg/L 的模拟矿化水。对比静态和流速为0.5m/s条件下腐蚀产物膜对J55碳钢电化学性质的影响。不同流动状态CO_2/盐水体系产生腐蚀产物膜的阻抗如图4-13所示，流动状态对CO_2/盐水体系下J55碳钢腐蚀产物膜结构的影响如图4-14所示，不同流动状态下CO_2/盐水体系产生腐蚀产物膜的极化曲线如图4-15所示。表4-7展示了带有不同流动状态下产生腐蚀产物膜的J55碳钢极化曲线拟合数据。

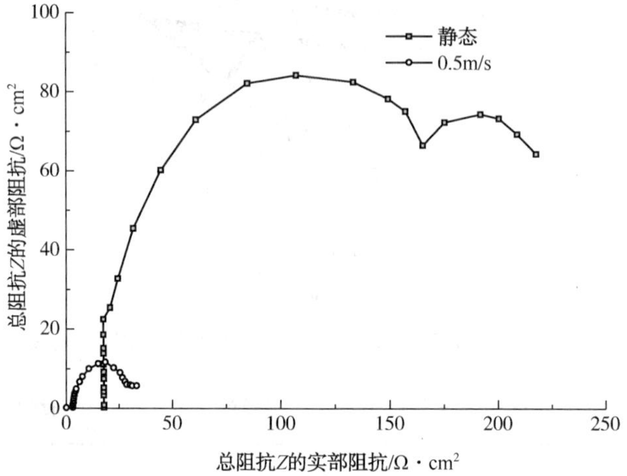

图4-13 不同流动状态下CO_2/盐水体系产生腐蚀产物膜的阻抗

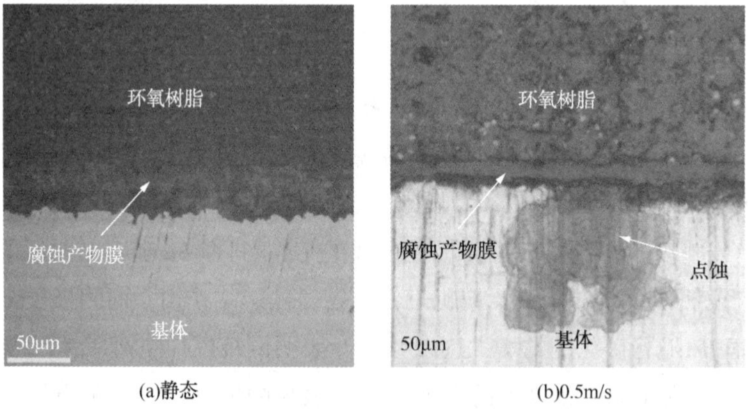

图4-14 流动状态对CO_2/盐水体系下J55碳钢腐蚀产物膜结构的影响

由图4-13和图4-14可得，静态条件下产生的腐蚀产物膜厚且疏松，J55碳钢阻抗谱出现双容抗特征，腐蚀主要受活化控制，主要原因是腐蚀介质能够很容易穿过试样表面的腐蚀产物膜直接接触J55碳钢的基体。动态条件下产生的腐蚀产物膜致密，但有缺陷，基体出现了点蚀。J55碳钢阻抗谱也出现了双容抗弧，但低频区的容抗弧不完整。

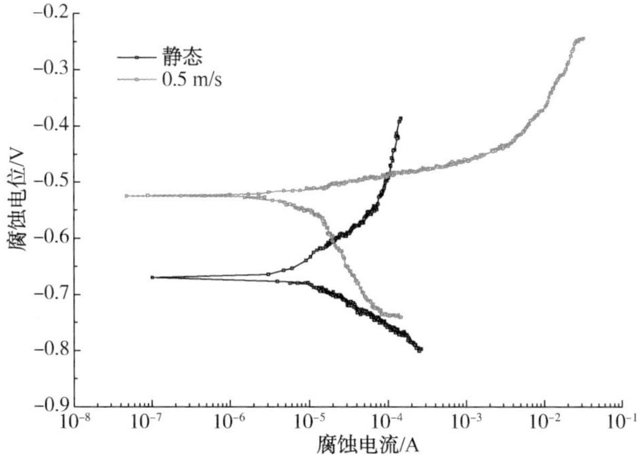

图 4-15　不同流动状态下 CO_2/盐水体系产生腐蚀产物膜的极化曲线

表 4-7　带有不同流动状态下产生腐蚀产物膜的 J55 碳钢极化曲线拟合数据

流动状态	E_{corr}/mV	I_{corr}/(mA/cm^2)	Ba/mV	Bc/mV
静态	-669.54	61.54	181.257	364.913
0.5m/s	-524.74	65.03	183.171	176.408

由图 4-15 和表 4-7 可得，静态条件下产生的腐蚀产物膜的极化曲线较动态条件下产生的极化曲线更向左移，说明动态条件下产生的腐蚀产物膜耐腐蚀性能更好。静态条件下的阳极活化面积更小的原因是溶液容易通过腐蚀产物膜与基体接触，腐蚀产生的 Fe^{2+} 的速度快，容易与介质中的 CO_3^{2-} 反应产生 $FeCO_3$，修复疏松的腐蚀产物膜。

4.5.2　CO_2/原油/盐水体系产生的腐蚀产物的影响

1. 不同 CO_2 分压下产生的腐蚀产物膜的影响

在温度为 65℃，腐蚀时间为 48h，腐蚀介质含水率为 70% 的油、水混合液（水相为 33000mg/L 的模拟矿化水），流速为 0.5m/s，总压为 15MPa 条件下，在电极表面产生腐蚀产物膜。对比不同 CO_2 分压下产生的腐蚀产物膜对 J55 碳钢电化学性质的影响。不同 CO_2 分压下 CO_2/原油/盐水体系产生腐蚀产物膜的阻抗如图 4-16 所示，CO_2 分压对 CO_2/原油/盐水体系下 J55 碳钢腐蚀产物膜结构的影响如图 4-17 所示，不同 CO_2 分压下 CO_2/原油/盐水体系产生腐蚀产物膜的极化曲线见图 4-18 所示。表 4-8 展示了带有不同 CO_2 分压下产生腐蚀产物膜的 J55 碳钢极化曲线拟合数据。

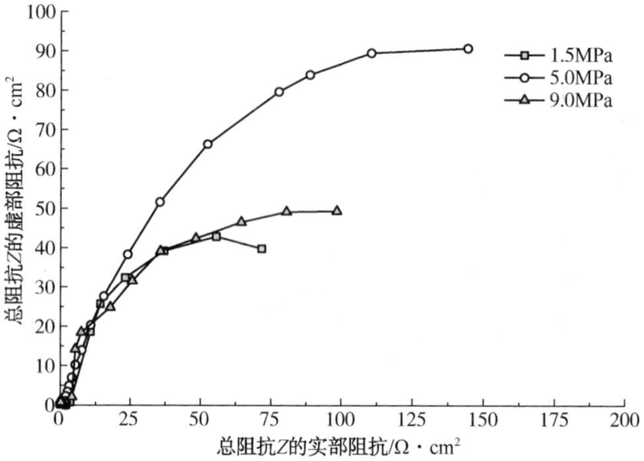

图 4-16　不同 CO_2分压下 CO_2/原油/盐水体系产生腐蚀产物膜的阻抗

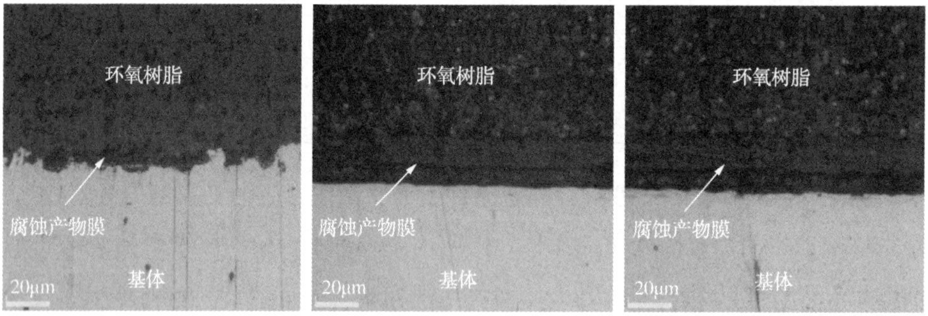

(a)P_{CO_2}=1.5MPa　(b)P_{CO_2}=5.0MPa　(c)P_{CO_2}=9.0MPa

图 4-17　CO_2分压对 CO_2/原油/盐水体系下 J55 碳钢腐蚀产物膜结构的影响

由图 4-16 和图 4-17 可得，不同 CO_2分压下产生的腐蚀产物膜的阻抗均存在单一的容抗弧，容抗弧并不完整，表明极化过程存在扩散的影响，但影响程度较低，这反映出腐蚀产物膜对腐蚀介质的扩散阻碍作用较小，腐蚀产物膜难以对 HCO_3^-和 H^+等参与阴极反应的离子扩散产生阻碍作用。图 4-17 中不同 CO_2分压下腐蚀产物膜结构与前文中观察到的结果一致，$P_{CO_2}=9.0$MPa 时产生的腐蚀产物膜外层比 $P_{CO_2}=5.0$MPa 时的孔道更多，更有利于腐蚀介质的传输。$P_{CO_2}=1.5$MPa 时，试样表面几乎无腐蚀产物，故表现为反应电阻 R_t较小，腐蚀速率较大。$P_{CO_2}=5.0$MPa 时，试样表面产生具有防护能力的腐蚀产物膜，故反应电阻 R_t大幅增大，腐蚀速率明显减小。$P_{CO_2}=9.0$MPa 时，试样表面产生具有防护能力的腐蚀产物膜发生部分溶解，故反应电阻 R_t又减小，腐蚀速率又增大。

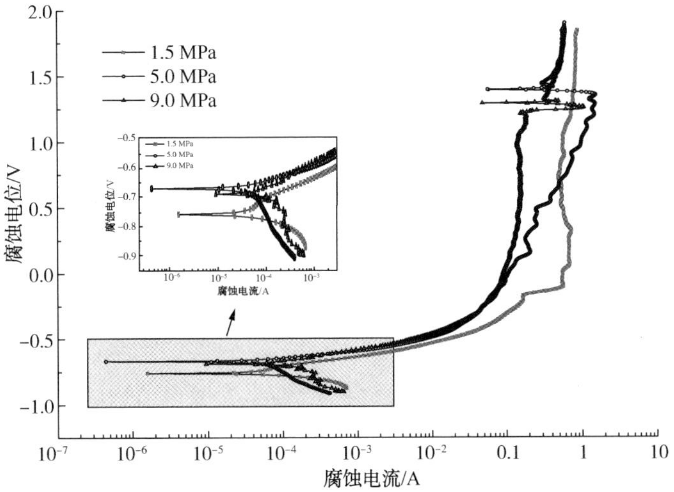

图 4-18 不同 CO_2 分压下 CO_2/原油/盐水体系产生腐蚀产物膜的极化曲线

表 4-8 带有不同 CO_2 分压下产生腐蚀产物膜的 J55 碳钢极化曲线拟合数据

CO_2 分压/MPa	E_{corr}/mV	I_{corr}/(mA/cm^2)	Ba/mV	Bc/mV
1.5	−758.57	33.19	163.179	72.413
5.0	−668.07	39.00	136.567	352.126
9.0	−687.64	40.57	162.150	291.565

由图 4-18 和表 4-8 可得，不同腐蚀产物膜覆盖下的电极阳极主要发生溶解反应，说明不同 CO_2 分压下形成的腐蚀产物膜不能改变阳极反应机理。阳极极化曲线的 Tafel 斜率 Ba 变化不大，且小于阴极极化曲线的 Tafel 斜率 Bc，说明腐蚀反应主要受阴极控制。P_{CO_2} = 1.5MPa 时，试样阳极活化区较大，且在 −0.22V 左右，形成钝化区，在−0.17V 左右钝化膜被击穿，基体被快速溶解，在−0.10V 左右再次形成钝化膜，在 0.03V 左右再次被击穿，在 0.07V 左右又形成钝化区，随着腐蚀电位的增大，钝化膜的防护能力增强，这表明 J55 碳钢表面钝化膜发生了多次微小程度的活化溶解和快速成膜钝化的现象。这是因为 J55 碳钢表面几乎无腐蚀产物膜，介质中的 CO_3^{2-} 容易与溶解生成的 Fe^{2+} 相结合，在试样表面形成钝化膜。P_{CO_2} = 5.0MPa 时，在 0.16V 左右出现钝化区，在 0.27V 左右钝化膜被击穿，后续出现了多次微小程度的活化溶解和快速成膜钝化的现象，最终在 1.36V 左右形成防护能力强的钝化膜。其原因是试样表面的腐蚀产物膜较为致密，能够对基体形成一定的保护作用，随着腐蚀电位的增大，在电极表面不断出现钝化膜的溶解与修复。P_{CO_2} = 9.0MPa 时，试样阳极活化区较小，在 0.10V 左右阳极由溶解开始转变为钝化，在 1.06V 左右钝化膜开始出现溶解，在 1.22V 左右钝化膜被完全击穿，在 1.30V 左右再次

形成钝化膜。主要原因是试样表面覆盖了致密的 $FeCO_3$ 层和少量的 $CaCO_3$，CO_3^{2-} 容易与溶解生成的 Fe^{2+} 相结合，补充腐蚀产物膜被溶解的部分。由阳极极化区的比较也能发现 $P_{CO_2}=1.5MPa$ 时产生的腐蚀产物膜对基体的保护作用弱。

2. 不同温度下产生的腐蚀产物膜的影响

在腐蚀时间为 48h，腐蚀介质含水率为 70% 的油、水混合液（水相为 33000mg/L 的模拟矿化水），流速为 0.5m/s，CO_2 分压为 9MPa 条件下，在电极表面产生腐蚀产物膜。对比不同温度下产生的腐蚀产物膜对 J55 碳钢电化学性质的影响。不同温度下 CO_2/原油/盐水体系产生腐蚀产物膜的阻抗如图 4-19 所示，温度对 CO_2/原油/盐水体系下 J55 碳钢腐蚀产物膜结构的影响如图 4-20 所示，不同温度下 CO_2/原油/盐水体系产生腐蚀产物膜的极化曲线如图 4-21 所示。表 4-9 展示了为带有不同温度下产生腐蚀产物膜的 J55 碳钢极化曲线拟合数据。

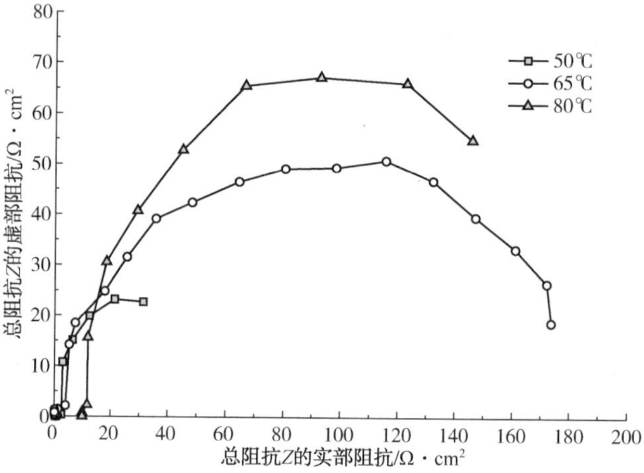

图 4-19 不同温度下 CO_2/盐水/原油体系产生腐蚀产物膜的阻抗

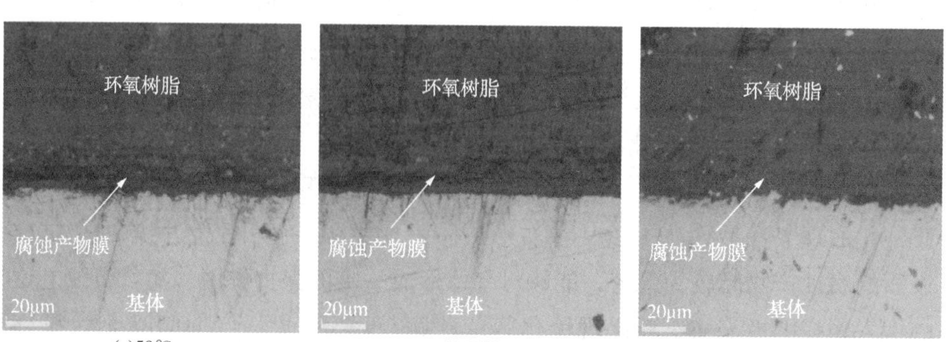

(a)50℃ (b)65℃ (c)80℃

图 4-20 温度对 CO_2/原油/盐水体系下 J55 碳钢腐蚀产物膜结构的影响

由图 4-19 和图 4-20 可得，不同温度下产生的腐蚀产物膜的阻抗也是仅存在单一的容抗弧，且容抗弧并不完整，不能有效阻碍腐蚀性离子。随着温度的升高，反应电阻 R_t 增大，说明随着温度升高，产生的腐蚀产物膜的防护性能增强，与前文研究结论一致。从不同腐蚀产物膜的结构也能明显看出，腐蚀产物膜随着温度升高逐渐变得薄且致密，但有微通道，印证了阻抗谱分析结论。

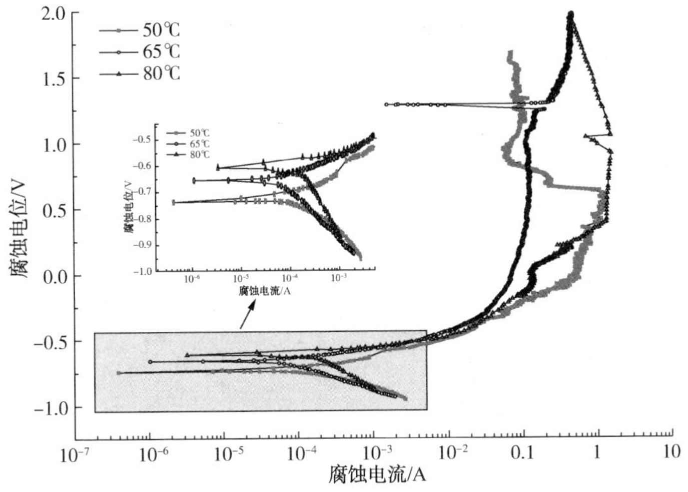

图 4-21　不同温度下 CO_2/原油/盐水体系产生腐蚀产物膜的极化曲线

表 4-9　带有不同温度下产生腐蚀产物膜的 J55 碳钢极化曲线拟合数据

温度/℃	E_{corr}/mV	I_{corr}/(mA/cm^2)	Ba/mV	Bc/mV
50	-741.43	457.9	215.294	427.338
65	-659.52	650.3	183.171	176.408
80	-612.74	944.1	241.998	6114.592

由图 4-21 和表 4-9 可得，不同腐蚀产物膜覆盖下的电极阳极主要发生溶解反应，说明不同温度下形成的腐蚀产物膜不能改变阳极反应机理。阳极极化曲线的 Tafel 斜率 Ba 变化不大，且小于阴极极化曲线的 Tafel 斜率 Bc，说明腐蚀反应主要受阴极控制。腐蚀电位随着温度的升高而降低，但腐蚀电流随着温度的升高而增大。50℃时，试样表面的腐蚀产物膜较为疏松，在-0.02V 左右开始出现钝化区，但钝化膜的稳定性较差，腐蚀电位在-0.02~0.60V 多次出现钝化膜溶解和修复。在 0.60V 左右出现了较为稳定的钝化膜。65℃时，由于腐蚀产物膜较为致密，阳极活化区较小。在-0.06V 左右开始出现钝化区，在 1.23V 左右出现较为强烈的钝化，但钝化膜不稳定，在 1.28V 就被击穿，但还能够迅速钝化。主要是试样表面由于受到温度升高引起的 $FeCO_3$ 溶解度减小的影响，试样

表面能快速钝化。80℃时，在-0.09V左右出现钝化区，在0.04V钝化膜被击穿，在0.38V再次出现稳定的钝化区。虽然80℃时的$FeCO_3$的溶解度更小，但此时的反应传质速率更快，受两者的共同影响，稳定钝化区出现电位上升。

3. 不同矿化度下产生的腐蚀产物膜的影响

在温度为65℃，腐蚀时间为48h，腐蚀介质含水率为70%的油、水混合液，CO_2分压为9MPa，流速为0.5m/s条件下，在电极表面产生腐蚀产物膜。对比不同矿化度下产生的腐蚀产物膜对J55电化学性质的影响。矿化度对CO_2/原油/盐水体系下J55碳钢阻抗的影响如图4-22所示，矿化度对CO_2/原油/盐水体系下J55碳钢腐蚀产物膜结构的影响如图4-23所示，不同矿化度下CO_2/原油/盐水体系产生腐蚀产物膜的极化曲线如图4-24所示。表4-10展示了为带有不同矿化度下产生腐蚀产物膜的J55碳钢极化曲线拟合数据。

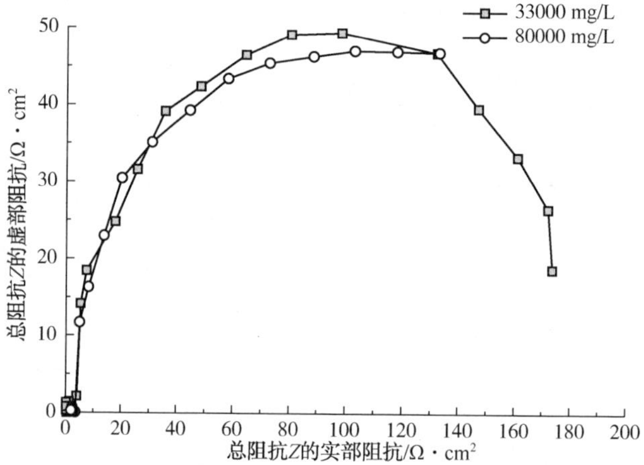

图4-22 矿化度对CO_2/原油/盐水体系下J55碳钢阻抗的影响

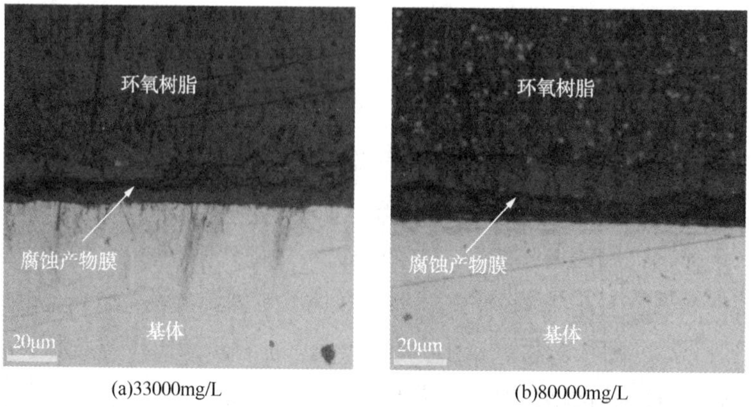

图4-23 矿化度对CO_2/原油/盐水体系下J55碳钢腐蚀产物膜结构的影响

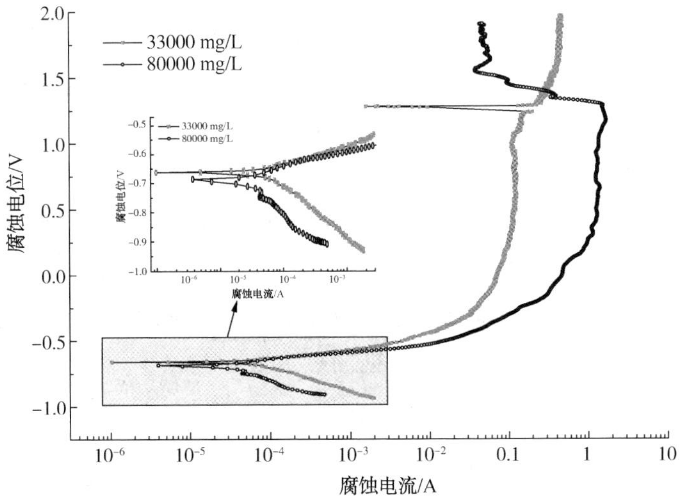

图 4-24　不同矿化度下 CO_2/原油/盐水体系产生腐蚀产物膜的极化曲线

表 4-10　带有不同矿化度下产生腐蚀产物膜的 J55 碳钢极化曲线拟合数据

矿化度/(mg/L)	E_{corr}/mV	I_{corr}/(mA/cm^2)	Ba/mV	Bc/mV
33000	-659.52	650.3	183.171	176.408
80000	-677.44	823.3	206.538	287.664

由图 4-22 和图 4-23 可得，不同矿化度下产生的腐蚀产物膜的阻抗仅存在单一的容抗弧。矿化度为 80000mg/L 时，容抗弧为一拉长变形的不完整的半圆，说明腐蚀产物对 J55 碳钢的基体保护作用加强。随着矿化度的增大，反应电阻 R_t增大，说明随着矿化度的增大，产生的腐蚀产物膜防护性能增强。主要原因为高矿化度下产生的腐蚀产物膜较为致密。由腐蚀产物膜结构也能看出，矿化度为 80000mg/L 时产生的腐蚀产物膜更厚且更致密，这与本书中 SEM 观察结果一致。

由图 4-24 和表 4-10 可得，不同腐蚀产物膜覆盖下的电极阳极主要发生溶解反应，说明不同矿化度下形成的腐蚀产物膜不能改变阳极反应机理。阳极极化曲线的 Tafel 斜率 Ba 变化不大，且小于阴极极化曲线的 Tafel 斜率 Bc，说明腐蚀反应主要受阴极控制。矿化度为 80000mg/L 时，试样表面由于矿化度升高，溶液传质速度加快，阳极活化区大，钝化电流和钝化电位比矿化度为 33000mg/L 时大。在 0.01V 左右出现钝化区，但在 0.08V 左右钝化膜就被击穿，在 0.3V 左右再次形成钝化膜。在 1.30V 左右，新的腐蚀产物生成量增多，使得腐蚀产物膜密度增大，出现了稳定的钝化区。

4. 不同乳化剂加量下产生的腐蚀产物膜的影响

在温度为65℃，腐蚀时间为48h，腐蚀介质含水率为70%的油、水混合液（模拟盐水的矿化度为33000mg/L），CO_2分压为9MPa，流速为0.5m/s条件下，在电极表面产生腐蚀产物膜。对比不同乳化剂加量下产生的腐蚀产物膜对J55碳钢电化学性质的影响。乳化剂加量对CO_2/原油/盐水体系下J55碳钢阻抗的影响如图4-25所示，乳化程度对CO_2/原油/盐水体系下J55碳钢腐蚀产物膜结构的影响如图4-26所示，腐蚀产物膜的极化曲线如图4-27所示。表4-11展示了带有不同乳化剂加量下产生腐蚀产物膜的J55碳钢极化曲线拟合数据。

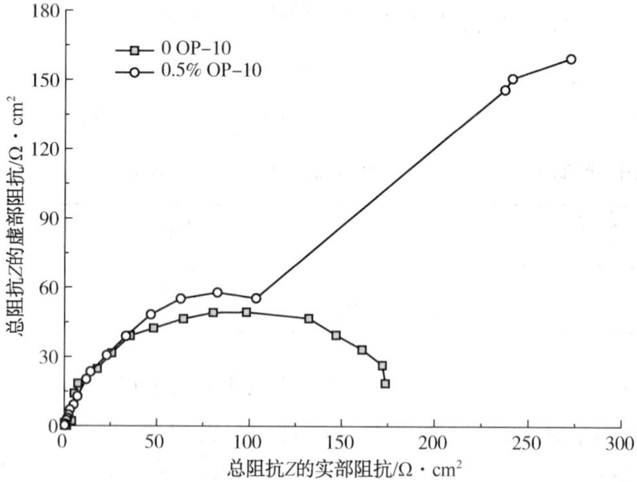

图4-25　乳化剂加量对CO_2/原油/盐水体系下J55碳钢阻抗的影响

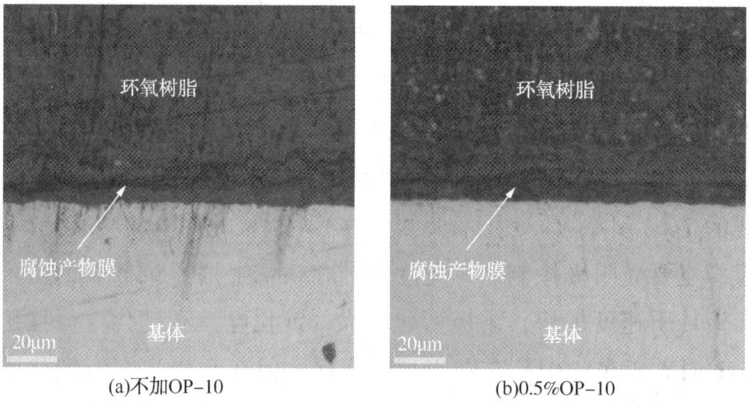

图4-26　乳化程度对CO_2/原油/盐水体系下J55碳钢腐蚀产物膜结构的影响

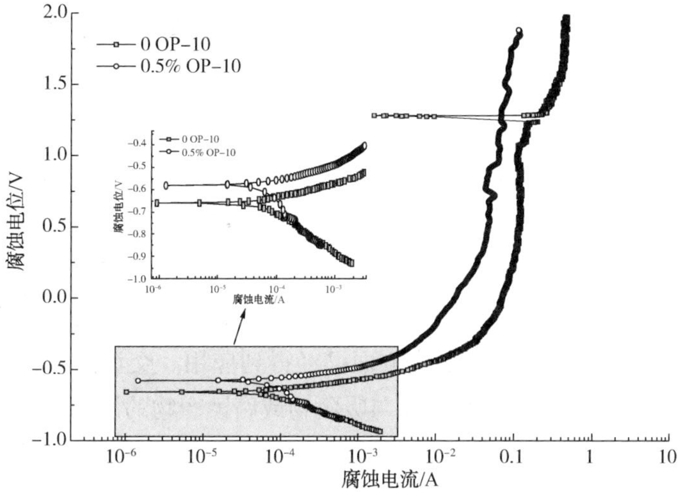

图 4-27　不同乳化剂加量下 CO_2/盐水/原油体系产生腐蚀产物膜的动电位

表 4-11　带有不同乳化剂加量下产生腐蚀产物膜的 J55 碳钢极化曲线拟合数据

OP-10 加量/%	E_{corr}/mV	I_{corr}/(mA/cm^2)	*Ba*/mV	*Bc*/mV
0	−659. 52	650. 3	183. 171	176. 408
0. 5	−579. 45	268. 1	460. 612	545. 069

由图 4-25 和图 4-26 可得，不同乳化剂加量下产生的腐蚀产物膜的阻抗差异大，说明乳化状态影响了腐蚀产物膜的形成。加乳化剂条件下 J55 碳钢产生腐蚀产物膜的阻抗谱高频区为容抗弧，低频区为 Warburg 阻抗，腐蚀速率将受扩散控制。随着乳化剂的加入，反应电阻 R_t 增大，说明加入乳化剂产生的腐蚀产物膜的防护性能增强，与本书中 SEM 观察结果一致。从腐蚀产物膜的结构能够明显看出，未加入乳化剂产生的腐蚀产物膜为双层膜，外层膜部分脱落。加入乳化剂后产生的腐蚀产物膜也是双层膜，外层膜完整且较为致密，也印证了阻抗谱的分析结果。

由图 4-27 和表 4-11 可得，不同腐蚀产物膜覆盖下的电极阳极主要发生溶解反应，说明不同乳化程度下形成的腐蚀产物膜不能改变阳极反应机理。阳极极化曲线的 Tafel 斜率 *Ba* 变化不大，且小于阴极极化曲线的 Tafel 斜率 *Bc*，说明腐蚀反应主要受阴极控制。随着乳化剂的加入，产生腐蚀产物膜的腐蚀电位正移，说明腐蚀产物膜的抗腐蚀性能增强。加入乳化剂后的阳极活化区明显小于不加乳化剂的阳极活化区，说明加入乳化剂后产生的腐蚀产物膜更具有保护性。

4.6 CO_2/原油/盐水体系腐蚀产物膜对腐蚀电化学的影响机制

在CO_2腐蚀过程中，材料表面会形成一层$FeCO_3$腐蚀产物膜。CO_2腐蚀能否被抑制与这层腐蚀产物膜有直接关系。本书第3章已经详细研究了温度、CO_2分压、油水比、溶液矿化度和流速等对腐蚀产物膜形成的影响。电化学分析手段是获得电化学腐蚀过程动力学信息的重要途径，交流阻抗技术在油管CO_2腐蚀产物膜的电化学特征研究方面已经得到应用。交流阻抗谱中高频容抗弧与双电层电容有关，低频容抗弧与吸附物或腐蚀产物的沉积有关，低频感抗弧与试片表面的活化溶解有关。本节根据覆盖J55碳钢表面的腐蚀产物膜类型，推断J55碳钢在CO_2/原油/盐水体系中的腐蚀等效电路图，研究腐蚀产物膜形态对CO_2电化学腐蚀的影响机制。在等效电路图中：R_s为溶液电阻；Q_{dl}为基体与溶液之间双电层电容的常相位角元件(CPE)；R_t为电荷传递电阻；R_L为电感元件电阻；L为阳极活化溶解导致的感抗；R_f为腐蚀膜的电阻；C_p为腐蚀产物膜电容；Z_w为Warburg阻抗(即由扩散引起的阻抗)。

4.6.1 无腐蚀产物膜

腐蚀初期，J55碳钢表面无腐蚀产物膜覆盖(如本书4.4中电极表面状态)。图4-28展示了无腐蚀产物膜时J55碳钢在CO_2/原油/盐水体系中等效电路，电化学阻抗谱由高频区的容抗弧和低频区的感抗弧组成。在浓差极化可以忽略的情况下，J55碳钢的电极反应速度除了受电极电位的影响，至少还受到其他两个状态变量的影响。通常，电化学活性产物或反应中间产物的吸附、脱附弛豫过程会在阻抗谱上产生附加的容抗或感抗，在J55碳钢表面，这个状态变量最有可能是反应中间体在电极表面的吸附、脱附弛豫过程引起电极表面的状态变化，因此该阳极反应应该有两个吸附中间体。

图4-29展示了腐蚀产物膜生长时J55碳钢在CO_2/原油/盐水体系中等效电路，随着腐蚀的进行，腐蚀产物开始在J55碳钢表面堆积，腐蚀产物的覆盖率增大，基体被直接溶解的面积减小。交流阻抗谱将表现为低频区的感抗弧越来越小，直至萎缩消失。

4.6.2 单层腐蚀产物膜

随着腐蚀的进行，J55碳钢表面被腐蚀产物膜完全覆盖，此时腐蚀产物膜对腐蚀的影响机理发生了变化。图 4-30 展示了覆盖单层腐蚀产物膜时 J55 碳钢在 CO_2/原油/盐水体系中等效电路。腐蚀产物膜致密时，腐蚀主要受离子在腐蚀产物膜中大量的微观通道中扩散控制，此时交流阻抗谱低频区只出现由扩散导致的 Warburg 阻抗，对应等效电路图为图 4-30(a)。通过对比 Warburg 阻抗模值的大小可以判断离子在腐蚀产物膜中扩散的难易程度；腐蚀产物膜疏松时，对基体保护作用弱，离子很容易到达 J55 碳钢表面，直接与 J55 碳钢基体接触，腐蚀主要受活化控制，此时交流阻抗谱低频区出现容抗弧，表现为双容抗弧，对应等效电路图为图 4-30(b)。

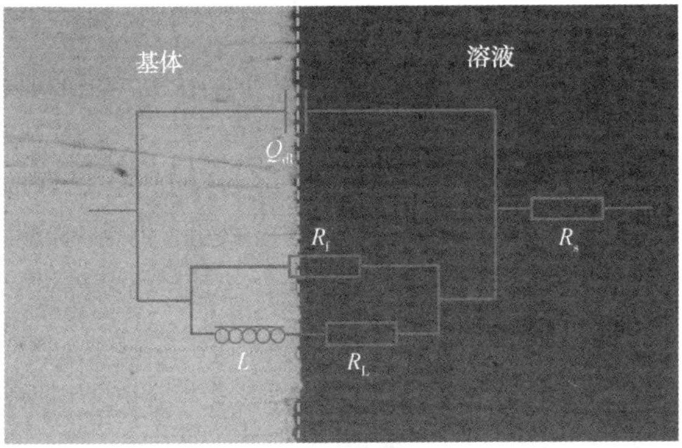

图 4-28　无腐蚀产物膜时 J55 碳钢在 CO_2/原油/盐水体系中等效电路

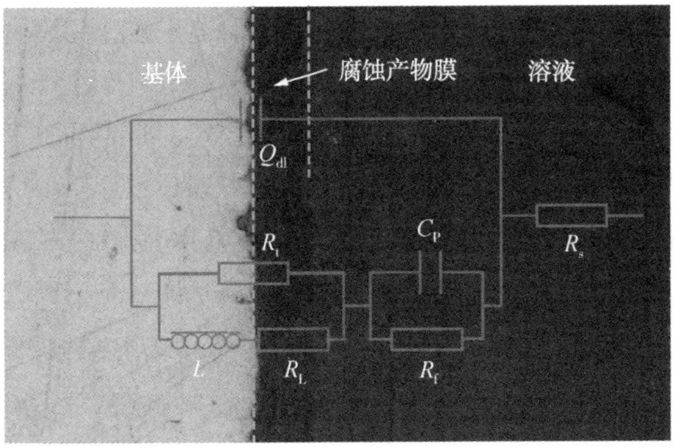

图 4-29　腐蚀产物膜生长时 J55 碳钢在 CO_2/原油/盐水体系中等效电路

低频容抗弧与吸附物或腐蚀产物的沉积有关，低频容抗弧直径的大小反映了电极表面产物膜电阻 R_f 的变化，容抗弧直径越大，电荷转移电阻 R_t 越大，腐蚀膜电阻 R_f 越大，耐腐蚀性能越好。

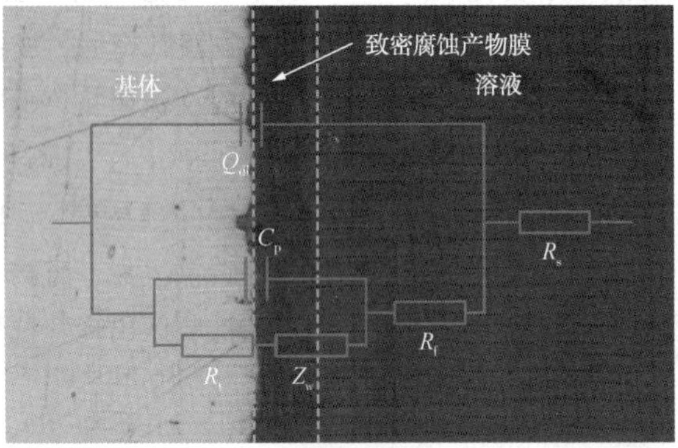

(a)扩散控制

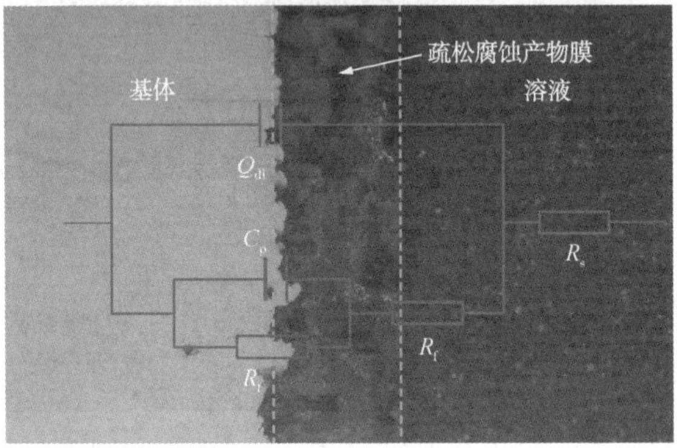

(b)活化控制

图 4-30　覆盖单层腐蚀产物膜时 J55 碳钢在 CO_2/原油/盐水体系中等效电路

4.6.3　双层腐蚀产物膜

随着腐蚀的发展，腐蚀产物膜完全覆盖基体表面，介质中的腐蚀性离子只能穿过产物膜的孔洞和缝隙等缺陷扩散到膜与基体界面，在膜-基体界面附近 HCO_3^-、CO_3^{2-} 可与基体直接反应生成 $FeCO_3$，在中间层膜下沉积形成内层膜。随着腐蚀反应不断继续，内层膜越来越厚。这种产物膜相对致密，与基体附着作用较强，用机械方法很难将其从基体表面清除。此时，阳极反应生成的 Fe^{2+} 只能穿过两层产物膜中的微观通道到达溶液，与溶液中的 CO_3^{2-} 作用生成 $FeCO_3$，并在已经形成的中间层膜表面上不断沉积，从而形成外层膜。

图 4-31 展示了覆盖双层腐蚀产物膜时 J55 碳钢在 CO_2/原油/盐水体系中等效电路，其中 R_{f1} 为外层腐蚀膜的电阻、R_{f2} 为内层腐蚀膜的电阻、C_{p1} 为内外两层腐蚀产物膜之间的电容、C_{p2} 为内层腐蚀产物膜与基体之间的电容。此时，腐蚀产物膜致密，有效地阻碍了 J55 碳钢与腐蚀介质发生的反应，与腐蚀产物

膜相关的低频容抗弧半径增大，整个阻抗谱表现为拉长变形的半圆弧。当外层膜不完整或者很疏松时，对腐蚀性离子几乎无阻碍作用，可以用单层膜的腐蚀等效电路来分析。

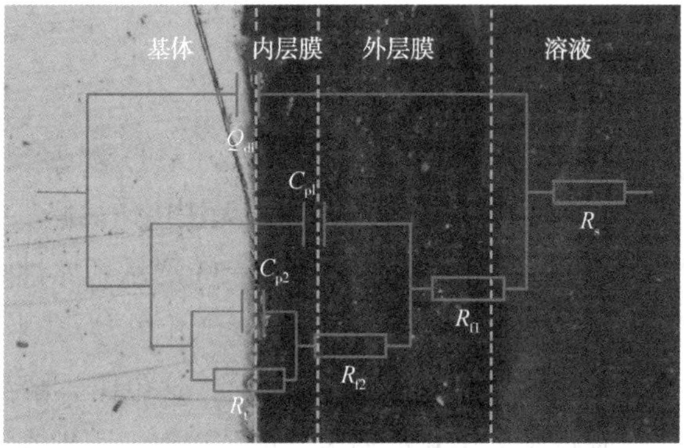

图 4-31　覆盖双层腐蚀产物膜时 J55 碳钢在 CO_2/原油/盐水体系中等效电路

4.6.4　存在缺陷的腐蚀产物膜

由于体系对 $FeCO_3$ 的溶解，使得腐蚀产物膜上存在缺陷。图 4-32 展示了覆盖存在缺陷腐蚀产物膜时 J55 碳钢在 CO_2/原油/盐水体系中等效电路，其中 R_{t1} 为孔内电荷传递电阻、R_{t2} 为孔外电荷传递电阻。此时，容易发生点蚀或者局部腐蚀。覆盖致密腐蚀产物处，离子会穿过腐蚀产物膜微观通道使 J55 碳钢基体不断被腐蚀，电极反应过程受扩散控制，在阻抗谱中会出现 Warburg 阻抗特征。与此同时，腐蚀产物膜的宏观缺陷(如空洞)会导致点蚀，点蚀区域是

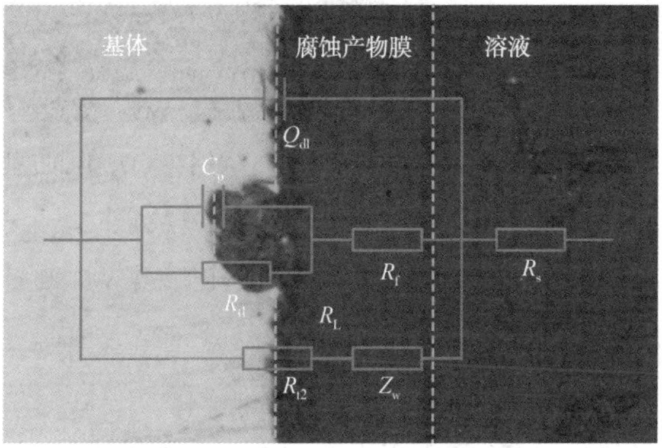

图 4-32　覆盖存在缺陷腐蚀产物膜时 J55 碳钢在 CO_2/原油/盐水体系中等效电路(点蚀)

腐蚀的活性点，局部腐蚀速率较大，这种电极过程受活化控制，因此在阻抗谱中会出现附加的容抗弧。故交流阻抗谱在低频区出现了由半无限扩散导致的Warburg阻抗，而且还有容抗弧在图谱中叠加，使得交流阻抗曲线在低频区偏离直线。

4.6.5 腐蚀产物膜部分脱落

由于受流体产生的剪切力的作用，将结合力差的腐蚀产物膜从基体上剥离。在剪切力持续作用下，脱落的腐蚀产物膜无法快速被修复，局部产物膜不再完整，表面凹凸不平发生了台地腐蚀。图4-33展示了腐蚀产物膜部分脱落时J55碳钢在CO_2/原油/盐水体系中等效电路，其中R_{t1}为腐蚀产物膜脱落区域电荷传递电阻、R_{t2}为腐蚀产物膜覆盖区域电荷传递电阻。溶液在腐蚀产物膜脱落区域直接与J55碳钢基体接触，使得基体被溶解，因此在阻抗谱中会出现感抗弧。感抗弧与腐蚀产物膜脱落面积有关，脱落面积较小时，感抗弧萎缩，与容抗弧叠合。

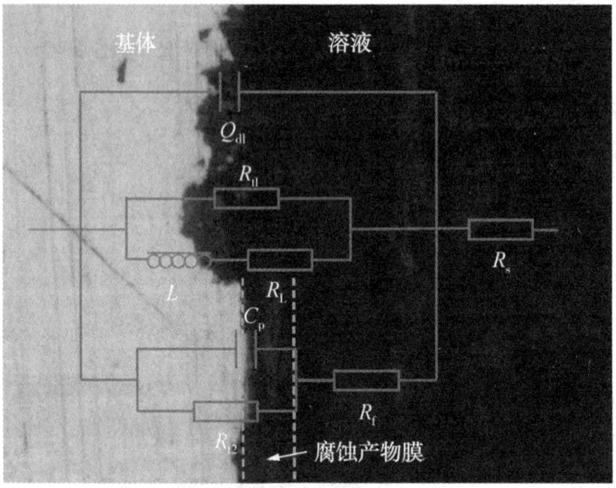

图4-33 腐蚀产物膜部分脱落时J55碳钢在CO_2/原油/盐水体系中等效电路(台地腐蚀)

4.7 本章小结

在油管所处环境中，J55碳钢表面会逐渐生成腐蚀产物膜，这层产物膜的性质会影响管材的抗腐蚀性能。本章研究了CO_2/盐水体系因素对J55碳钢的腐蚀电化学行为的影响，并且使用高温高压反应釜模拟不同腐蚀条件，在

CO_2/盐水体系和 CO_2/原油/盐水体系中 J55 碳钢表面预先生成腐蚀产物膜，采用交流阻抗技术和动电位极化技术研究了腐蚀产物膜覆盖条件下 J55 碳钢的 CO_2 电化学腐蚀特性，根据腐蚀产物膜的结构，推断出了裸露、覆有单层腐蚀产物膜、覆有双层腐蚀产物膜、覆有含缺陷的腐蚀产物膜及覆有部分脱落的腐蚀产物膜五种表面状态下 J55 碳钢的腐蚀等效电路，并总结了各种状态下的电化学阻抗谱特征，明确了腐蚀产物膜对平均腐蚀速率和点蚀的影响机制。主要得到以下结论：

（1）电极表面无腐蚀产物膜时，随着温度升高腐蚀反应先受活化控制，产生了腐蚀产物后开始受扩散影响；在不同矿化度下，腐蚀主要受活化控制。J55 碳钢的阳极溶解反应容易进行，阳极极化率较低，阳极反应机理没有随着温度和矿化度的变化而发生变化，腐蚀控制步骤为阴极反应。

（2）在 CO_2/盐水体系中，覆盖有不同条件下产生的腐蚀产物膜的腐蚀反应都受阴极控制。不同温度下产生的腐蚀产物膜对基体的保护作用随着温度的升高先增大后减小；不同矿化度下产生的腐蚀产物膜对基体的保护作用随着矿化度的增大而降低；静态条件下产生的腐蚀产物膜疏松，腐蚀介质能够直接与基体接触，腐蚀反应受活化控制。动态条件下产生的腐蚀产物膜致密，但有缺陷，容易发生点蚀。

（3）在 CO_2/原油/盐水体系中，不同 CO_2 分压、温度和矿化度下产生的腐蚀产物膜的阻抗谱为单一的不完整容抗弧，极化过程存在扩散的影响，但影响程度较低，腐蚀产物膜对腐蚀介质的扩散阻碍作用较小。不同条件下产生的腐蚀产物膜在体系中电化学反应主要受阴极反应控制。阳极主要发生溶解反应，然后出现钝化区。

（4）根据腐蚀产物膜的结构，推断出了裸露、覆有单层腐蚀产物膜、覆有双层腐蚀产物膜、覆有含缺陷的腐蚀产物膜及覆有部分脱落的腐蚀产物膜五种表面状态下 J55 碳钢的腐蚀等效电路，总结了各种状态下的电化学阻抗谱特征。

第5章 CO_2-EOR 过程中油管腐蚀及点蚀规律

5.1 前言

油套管和地面输送管道中的 CO_2腐蚀及其控制一直是油气开发领域的重要课题。相关研究集中在环境和材料因素对腐蚀行为的影响。例如，腐蚀介质和环境是腐蚀速率和腐蚀形态的决定因素。温度和压力对腐蚀速率的影响主要反映在它们对腐蚀产物层的保护性所引起的变化中，这些变化反过来导致腐蚀速率的变化。随着温度的升高，碳钢的 CO_2腐蚀速率先增大后减小，CO_2腐蚀速率的最大值也随之变化。Li 等指出，P110 钢在 100℃时达到最大腐蚀速率。碳钢的 CO_2腐蚀速率随着 CO_2分压的增大而增加。然而，Choi 等认为在 65℃下碳钢(API 5CT L80)在 25%氯化钠溶液中的腐蚀速率随 CO_2分压(4MPa、8MPa 和 12MPa)的变化可忽略不计。碳钢的 CO_2腐蚀速率随含水/原油混合物的含水率增大而增大。这些研究主要集中在单一因素对 CO_2腐蚀的影响方面，无法根据目前的研究结果制定有效的油管防腐蚀措施。尽管已经对原油/盐水混合物中的水性 CO_2腐蚀进行了部分研究，但对 CO_2-EOR 采油井油管的 CO_2腐蚀规律的研究甚少，无法形成有针对性的防腐措施。

本章首先使用高温高压反应釜模拟 CO_2-EOR 过程中不同井深条件油管内腐蚀环境，通过腐蚀速率测定、腐蚀产物形貌观察、腐蚀产物膜成分分析、腐蚀深度测量及深度分布分析、腐蚀产物膜的电化学性质测量等实验，探讨 CO_2分压为 0.5MPa 时井深条件对 CO_2/原油/盐水体系中 J55 碳钢平均腐蚀速率和点蚀规律的影响，并研究腐蚀最严重的井深条件下 CO_2分压对油管腐蚀和点蚀的影响。为 CO_2-EOR 过程采油井油管腐蚀预测和有针对性的防腐提供参考。

5.2　油管腐蚀及点蚀规律

5.2.1　油管温度压力分布

以陕北某地区 Y27-10X 井为例，进行油管腐蚀及点蚀规律研究。该井井深为 1530m，采出液含水率为 70%、采出水矿化度为 33000mg/L、井底温度为 80℃、压力为 15MPa。油管内温度-压力测试数据如图 5-1 所示。由图 5-1 可得，温度和压力随着井深的增大几乎是线性增加的。

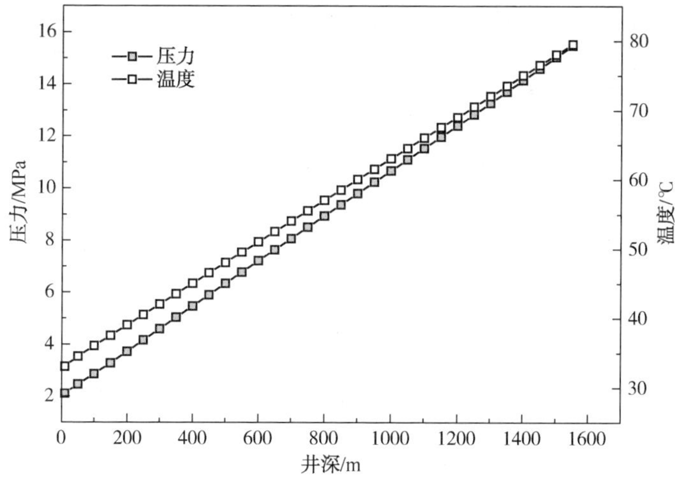

图 5-1　油管内温度-压力测试数据

5.2.2　平均腐蚀速率

为方便实验条件设置，分别选取 0m（2MPa、30℃）、240m（4MPa、40℃）、580m（7MPa、50℃）、800m（9MPa、55℃）、1050m（11MPa、65℃）和 1500m（15MPa、80℃）的井深条件研究井深对 CO_2/原油/盐水体系下 J55 碳钢的腐蚀行为，图 5-2 为 J55 碳钢在 CO_2 分压 0.5MPa、模拟水矿化度 33000mg/L、采出液含水率 70%、腐蚀时间 48h、流速 0.5m/s 的条件下，在不同井深条件下腐蚀后的试片形貌，图 5-3 为不同井深条件下 J55 碳钢的平均腐蚀速率。

由图 5-2 和图 5-3 可得，不同井深条件下 J55 碳钢的腐蚀形态均为局部腐蚀。随着井深增大，平均腐蚀速率先增大后减小，并在 1050m（11MPa、65℃）处，平均腐蚀速率达到最大。随着井深的增大，油管温度和压力升高，体系与

J55 碳钢之间的传质速度加快，故腐蚀速率上升；井深继续增大，油管温度达到腐蚀产物 $FeCO_3$发生反常溶解温度后，在 J55 碳钢表面产生具有保护作用的腐蚀产物膜，导致腐蚀速率降低。

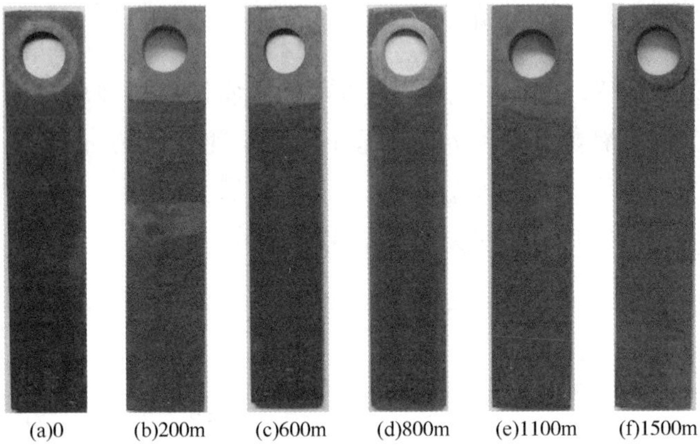

图 5-2　不同井深条件下 CO_2/原油/盐水体系下 J55 碳钢腐蚀形貌（酸洗后）

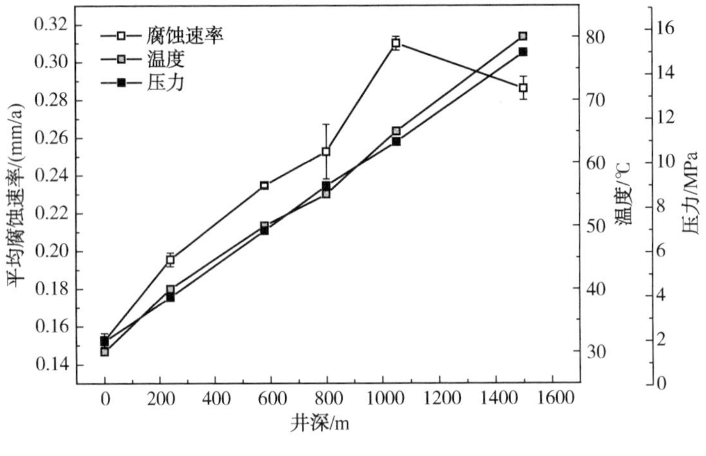

图 5-3　不同井深条件下 J55 碳钢的平均腐蚀速率

5.2.3　腐蚀产物膜微观形貌特征分析

图 5-4 为不同井深条件下 CO_2/原油/盐水体系下 J55 碳钢表面腐蚀产物膜的微观形貌图。0m 时，温度较低，腐蚀反应受传质控制，腐蚀产物较少，能够明显看到样品表面机械加工痕迹[图 5-4(g)]；240～800m 时，随着温度的升高，腐蚀产物增多，腐蚀产物膜上存在明显的缺陷和溶解痕迹[图 5-4(h)～图 5-4(j)]，对基体的保护性较弱；1050m 时，样品表面腐蚀产物膜又开始形成[图

5-4(k)]；1500m 时，样品表面被腐蚀产物覆盖，但有溶解的痕迹[图 5-4(l)]，故此时腐蚀速率下降。

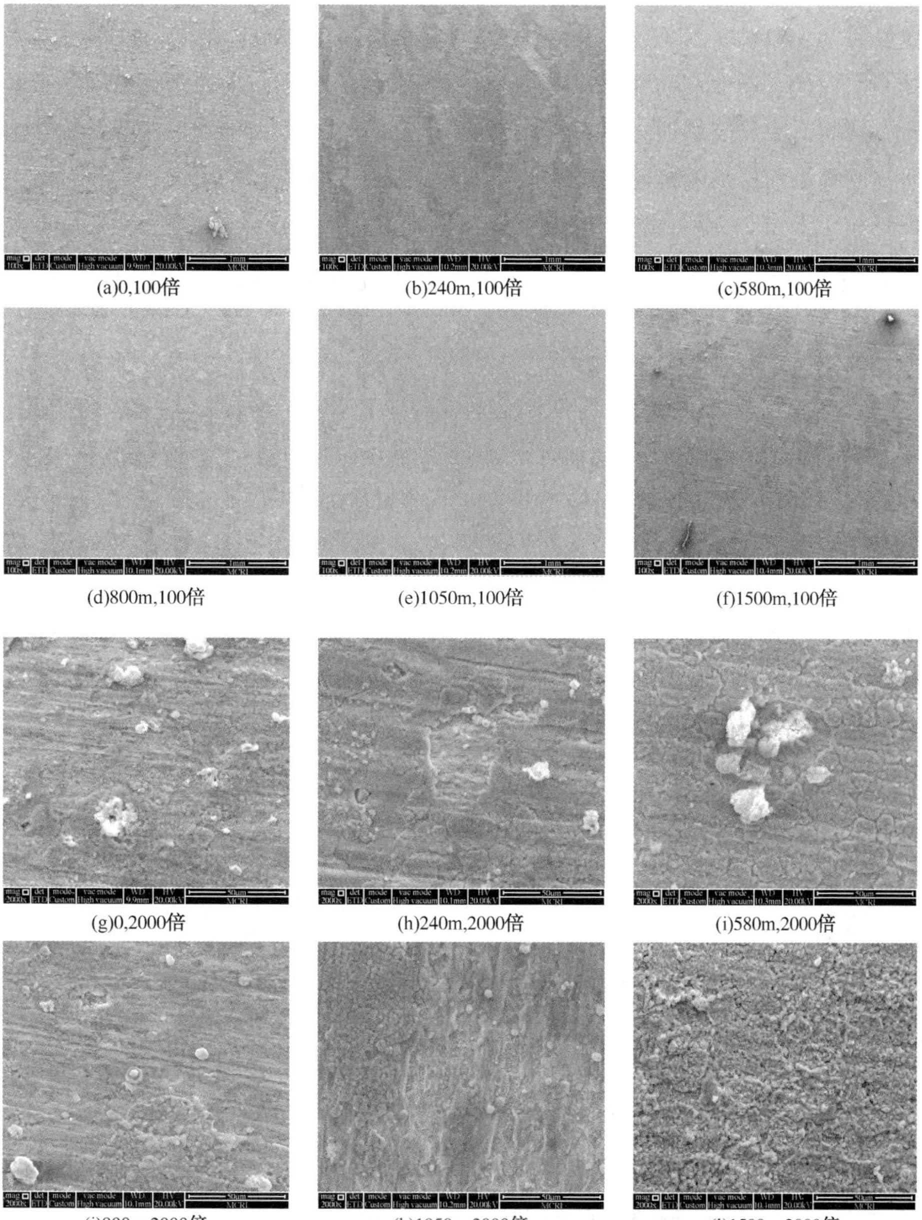

(a)0,100倍　(b)240m,100倍　(c)580m,100倍

(d)800m,100倍　(e)1050m,100倍　(f)1500m,100倍

(g)0,2000倍　(h)240m,2000倍　(i)580m,2000倍

(j)800m,2000倍　(k)1050m,2000倍　(l)1500m,2000倍

图 5-4　不同井深条件下 CO_2/原油/盐水体系下 J55 碳钢表面腐蚀产物膜的微观形貌图

5.2.4 腐蚀产物膜成分分析

表5-1展示了图5-4(a)~图5-4(f)的面扫描能谱分析结果。腐蚀产物的主要元素为O、Fe和C，以及少量Ca。说明腐蚀产物中有部分$FeCO_3$中的Fe^{2+}被Ca^{2+}取代。腐蚀产物中发现Cl元素，说明模拟水中的Cl^-渗透进了腐蚀产物膜，从而形成局部腐蚀。800m和1050m未发现Cl元素可能是腐蚀产物较少和研究面积小而出现随机性的缘故。在不同井深条件下生成的腐蚀产物中同时发现基体元素Mn，说明腐蚀产物较少，不能完全覆盖J55碳钢表面。

表5-1 不同井深条件下CO_2/原油/盐水体系下J55碳钢表面腐蚀产物膜能谱分析结果

元素	井深/m											
	0		240		580		800		1050		1500	
	质量/%	原子/%	质量/%	原子/%	质量/%	原子/%	质量/%	原子/%	质量/%	原子/%	质量/%	原子/%
C	8.78	24.4	10.1	27.09	7.11	19.51	7.11	17.86	9.15	22.18	8.85	20.04
O	14.01	29.21	14.47	29.14	17.25	35.52	23.35	44.03	23.02	41.9	28.85	49.08
Cl	0.5	0.47	0.53	0.48	0.59	0.54	—	—	—	—	0.3	0.23
Ca	0.36	0.3	0.35	0.28	0.66	0.54	2.5	1.88	2.59	1.89	2.26	1.53
Mn	1.27	0.77	1.14	0.67	0.88	0.53	1.08	0.6	1.31	0.7	1.31	0.65
Fe	75.07	44.85	73.41	42.35	73.52	43.36	65.96	35.64	63.92	33.33	58.43	28.47

图5-5为不同井深条件下CO_2/原油/盐水体系下J55碳钢腐蚀表面XRD图。J55碳钢表面产生的腐蚀产物膜成分相似，主要为$CaCO_3$和$FeCO_3$复合盐。

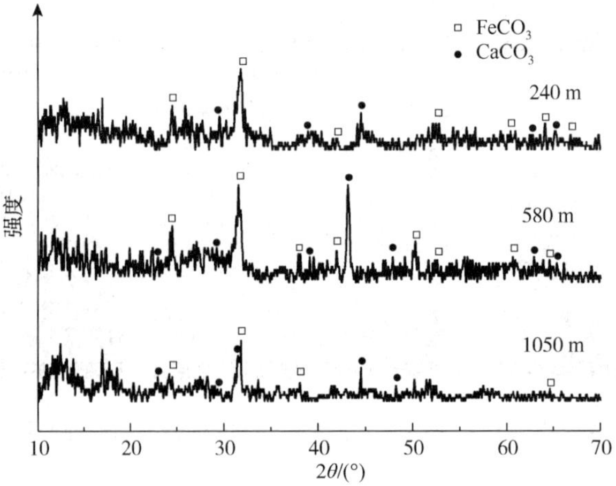

图5-5 不同井深条件下CO_2/原油/盐水体系下J55碳钢腐蚀表面XRD图

5.2.5　腐蚀深度分布

图 5-6 为不同井深条件下 CO_2/原油/盐水体系下 J55 碳钢腐蚀深度频率密度分布图。表 5-2 为不同井深条件下 CO_2/原油/盐水体系下 J55 碳钢腐蚀特征参数表。表 5-3 为不同井深条件下 CO_2/盐水/原油体系下 J55 碳钢腐蚀深度频率密度分布曲线的高斯模型拟合方差分析表。

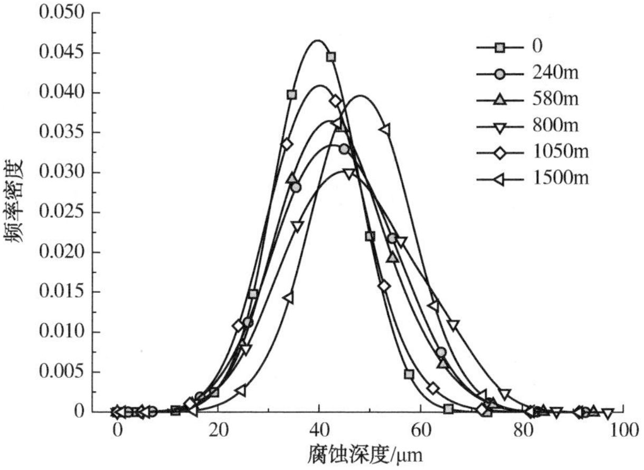

图 5-6　不同井深条件下 CO_2/原油/盐水体系下 J55 碳钢腐蚀深度频率密度分布

表 5-2　不同井深条件下 CO_2/原油/盐水体系下 J55 碳钢腐蚀特征参数

井深/m	平均腐蚀速率/(mm/a)	最大腐蚀深度/μm	x_c/μm	w	$(h_{max}-x_c)$/μm
0	0. 1528	76. 793	39. 651	16. 892	37. 142
240	0. 1955	94. 682	43. 207	23. 506	51. 475
580	0. 2347	98. 619	42. 457	21. 673	56. 162
800	0. 2527	101. 272	46. 113	26. 565	55. 159
1050	0. 3099	95. 740	39. 715	19. 183	56. 025
1500	0. 2860	94. 377	48. 172	19. 737	46. 205

由图 5-6 可得，腐蚀深度频率密度分布曲线形状相似，均是跨度较小的钟形曲线，说明井深对腐蚀形貌影响不大。由表 5-2、表 5-3 可得，$Prob>F$ 小于 0. 01，表明图 5-6 中的频率密度分布曲线与高斯分布一致。腐蚀深度频率密度分布曲线均表现为跨度小、尾部较长，说明不同井深条件下的腐蚀形态均为局部腐蚀。

表 5-3 不同井深条件下 CO_2/原油/盐水体系下 J55 碳钢腐蚀深度频率密度分布曲线的高斯模型拟合方差分析

项目		自由度	离差平方和	均方	*F*	*Prob>F*
整体	回归	12	0.01749	0.00146	4831.60534	0
	残差	54	0.0000163	0.000000302		
	未修正的合计	66	0.01751			
	修正的合计	60	0.01125			

5.2.6 最大腐蚀深度及点蚀系数

图 5-7 为井深条件对 CO_2/原油/盐水体系下 J55 碳钢最大腐蚀深度和点蚀系数的影响，最大点蚀深度随着井深的增大变化不大。点蚀系数随着井深的增大而减小，但数值仍然很大(>60)，说明在不同井深条件下，J55 碳钢均具有较强的点蚀倾向。

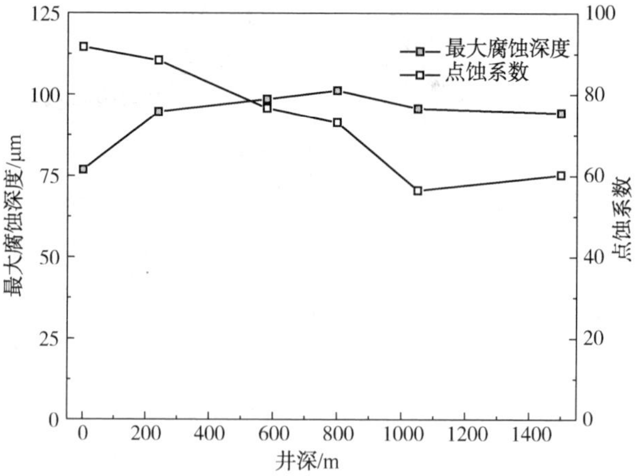

图 5-7 井深对 CO_2/原油/盐水体系下 J55 碳钢最大腐蚀深度和点蚀系数的影响

5.2.7 腐蚀产物膜电化学性质

对比 CO_2分压为 0.5MPa、不同井深条件下产生的腐蚀产物膜对 J55 碳钢电化学性质的影响。不同井深条件下 CO_2/原油/盐水体系下产生腐蚀产物膜的阻抗如图 5-8 所示。不同井深条件下 CO_2/原油/盐水体系下产生腐蚀产物膜的极化曲线如图 5-9 所示。表 5-4 展示了为常有不同井深条件下产生腐蚀产物膜的 J55 碳钢极化曲线拟合数据。

由图 5-8 可得，井深较小(<580m)时产生腐蚀产物膜的阻抗都是单一的容抗弧，且容抗弧并不完整，容抗弧半径随着井深的增大而增大。这反映出腐

蚀产物膜对腐蚀介质的扩散阻碍作用较小，腐蚀产物膜难以对 HCO_3^- 和 H^+ 等参与阴极反应的离子扩散产生阻碍作用；当井深增大时，温度升高，试样表面腐蚀产物膜被溶解，部分区域处于裸露活化状态，故出现低频感抗。井深继续增大，温度继续升高，腐蚀产物膜再次覆盖在基体表面，试样表面的活化区域减小，低频感抗消失，再次变为不完整的容抗弧。

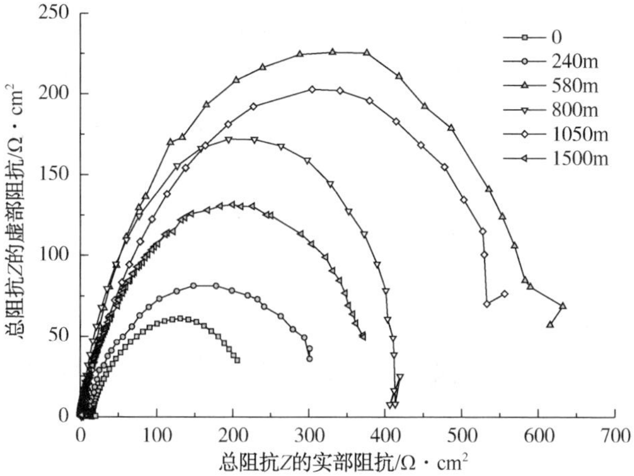

图 5-8　不同井深条件下 CO_2/原油/盐水体系下产生腐蚀产物膜的阻抗

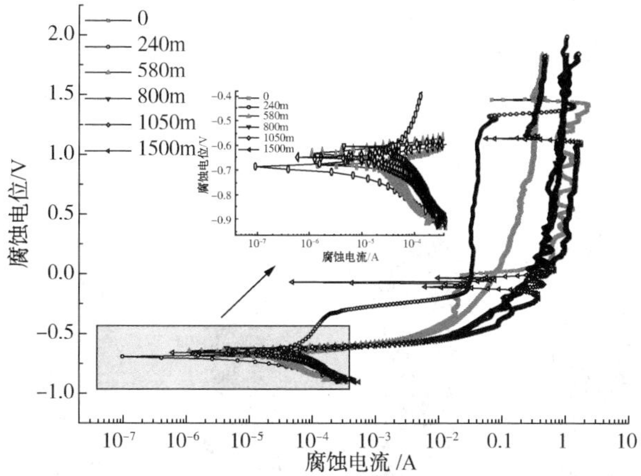

图 5-9　不同井深条件下 CO_2/原油/盐水体系下产生腐蚀产物膜的极化曲线

表 5-4　带有不同井深条件下产生腐蚀产物膜的 J55 碳钢极化曲线拟合数据

深度/m	E_{corr}/mV	I_{corr}/(mA/cm²)	Ba/mV	Bc/mV
0	685. 17	433. 0	74. 64	425. 60
240	691. 40	101. 6	73. 95	116. 77
580	675. 93	147. 1	50. 42	224. 72

续表

深度/m	E_{corr}/mV	I_{corr}/(mA/cm^2)	Ba/mV	Bc/mV
800	681.88	235.0	62.76	372.12
1050	657.93	421.3	57.12	272.95
1500	661.85	568.5	59.63	259.03

由图 5-9 和表 5-4 可得，随着井深的增大，腐蚀电位变化不大。在整个测试条件范围内，阳极极化曲线都比较平坦，形状没有很大的变化，说明 J55 碳钢的阳极溶解反应比较容易进行，阳极极化率较低，阳极反应机理没有发生变化。同时，阳极极化曲线的 Tafel 斜率 Ba 变化不大，说明阳极反应机理没有明显变化；而阴极极化曲线的 Tafel 斜率 Bc 变化较大，表面阴极反应机理发生了变化。所以，J55 碳钢在不同井深条件下的腐蚀控制步骤为阴极反应。

5.3 CO_2 分压对腐蚀严重区域油管腐蚀及点蚀的影响

5.3.1 平均腐蚀速率

图 5-10 为 J55 碳钢在温度 65℃、压力 11MPa(1050m 处)、含水率 70%的采出液(模拟水矿化度为 33000mg/L)、流速 0.5m/s、腐蚀时间 48h、不同 CO_2 分压条件下 CO_2/原油/盐水体系下的腐蚀形貌。图 5-11 为 CO_2分压对 CO_2/原油/盐水体系下 J55 碳钢平均腐蚀速率的影响。

(a)0　(b)0.5MPa　(c)1.0MPa　(d)2.0MPa

图 5-10　不同分压条件下 CO_2/原油/盐水体系下 J55 碳钢腐蚀形貌(酸洗后)

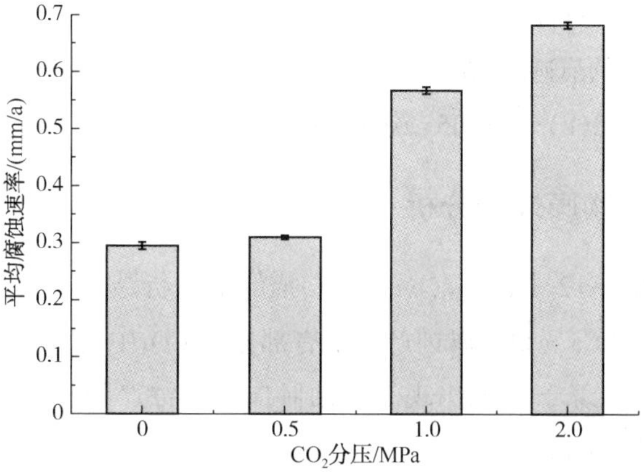

图 5-11 CO_2分压对 CO_2/原油/盐水体系下 J55 碳钢平均腐蚀速率的影响

由图 5-10 和图 5-11 可得，腐蚀形态为局部腐蚀。随着 CO_2分压的增大，平均腐蚀速率逐渐升高。H_2CO_3浓度随着 CO_2分压的增大，系统的 pH 值减小，故 J55 碳钢的腐蚀速率急剧增大。

5.3.2 腐蚀产物膜微观形貌特征分析

图 5-12 为不同 CO_2分压下 CO_2/盐水/原油体系下 J55 碳钢表面腐蚀产物膜的微观形貌图。P_{CO_2}=0MPa 时，J55 碳钢表面的抛光痕迹仍然可见，腐蚀产

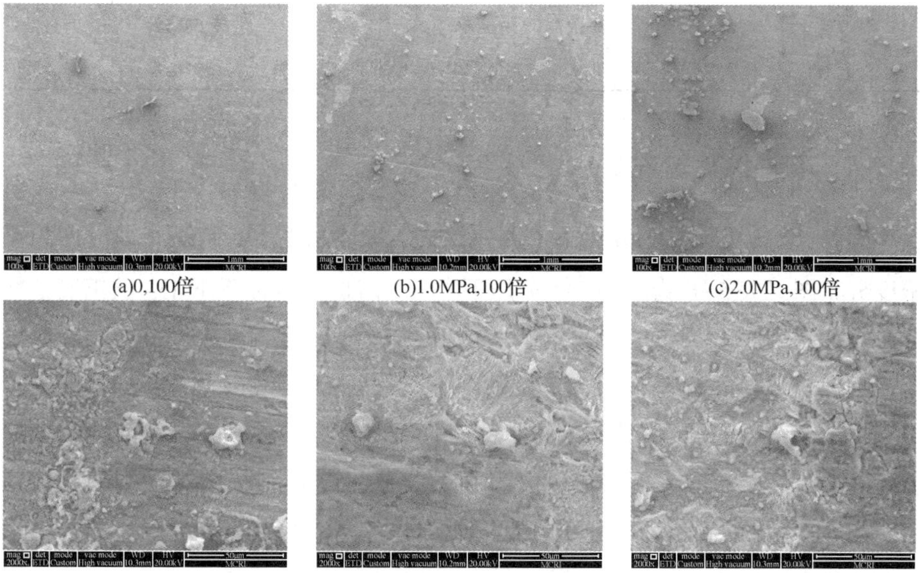

(a)0,100倍 (b)1.0MPa,100倍 (c)2.0MPa,100倍

(d)0,2000倍 (e)1.0MPa,2000倍 (f)2.0MPa,2000倍

图 5-12 不同分压下 CO_2/原油/盐水体系下 J55 碳钢表面腐蚀产物膜的微观形貌图

物膜不能完全覆盖在样品表面[图 5-12(d)]。P_{CO_2}=1.0MPa 时，J55 碳钢表面腐蚀产物膜出现被溶解的痕迹[图 5-12(b)]，随着 CO_2分压的增大，腐蚀产物膜被溶解的面积增大[图 5-12(c)]，对 J55 碳钢基体的保护性减弱，故腐蚀速率增大。

5.3.3 腐蚀产物膜成分分析

表 5-5 为图 5-12 中(a)~(c)的面扫描能谱分析结果。腐蚀产物的主要元素为 O、Fe、C 和 Ca，说明腐蚀产物中有部分 $FeCO_3$中的 Fe^{2+}被 Ca^{2+}取代。腐蚀产物中出现 Cl 元素，说明出现了点蚀倾向。腐蚀产物较少，在腐蚀产物中未发现基体元素 Mn 和 Ni。

表 5-5 不同分压下 CO_2/原油/盐水体系下 J55 碳钢表面腐蚀产物膜能谱分析结果

元素	CO_2分压/MPa					
	0		1.0		2.0	
	质量/%	原子/%	质量/%	原子/%	质量/%	原子/%
C	7.87	20.16	11.1	25.01	12.78	28.53
O	20.46	39.33	25.76	43.6	24.18	40.51
S	0.92	0.88	—	—	—	—
Cl	0.42	0.36	0.29	0.22	0.57	0.43
Ca	2.96	2.27	4	2.7	2.85	1.91
Mn	—	—	—	—	1.05	0.51
Fe	63.5	34.97	56.03	27.17	58.57	28.12
Ni	3.87	2.03	2.82	1.3	—	—

5.3.4 腐蚀深度分布

图 5-13 为不同 CO_2分压下 CO_2/原油/盐水体系下 J55 碳钢腐蚀深度频率密度分布图。表 5-6 为不同 CO_2分压下 CO_2/原油/盐水体系下 J55 碳钢腐蚀特征参数表。表 5-7 为不同 CO_2分压下 J55 碳钢腐蚀深度频率密度分布曲线的高斯模型拟合方差分析表。

由图 5-13 可得，腐蚀深度频率密度分布曲线向右移动，说明腐蚀频率密度随着 CO_2分压的增大而减小。由表 5-6、表 5-7 可得，$Prob>F$ 小于 0.01，表明图 5-13 中的频率密度分布曲线与高斯分布一致。参数 x_c的变化趋势与平均腐蚀速率的变化基本一致。腐蚀深度频率密度分布曲线均表现为跨度小、尾部长，说明在腐蚀严重区域不同 CO_2分压条件下的腐蚀形态均为局部腐蚀。

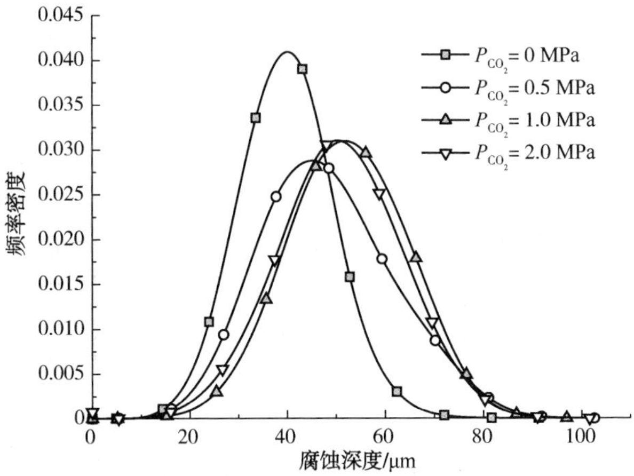

图 5-13　不同 CO_2分压下 CO_2/原油/盐水体系下 J55 碳钢腐蚀深度频率密度分布图

表 5-6　不同 CO_2 分压下 CO_2/原油/盐水体系下 J55 碳钢腐蚀特征参数表

分压/MPa	平均腐蚀速率/(mm/a)	最大腐蚀深度/μm	x_c/μm	w	$(h_{max}-x_c)$/μm
0	0. 2945	107. 098	39. 715	19. 183	67. 383
0. 5	0. 3099	95. 740	46. 823	27. 841	48. 917
1. 0	0. 5677	101. 730	50. 775	25. 348	50. 955
2. 0	0. 6821	106. 229	52. 368	25. 748	53. 861

表 5-7　不同 CO_2 分压下 J55 碳钢腐蚀深度频率密度分布曲线的高斯模型拟合方差分析表

项目		自由度	离差平方和	均方	F	$Prob>F$
整体	回归	8	0. 00911	0. 00114	3008. 38817	0
	残差	36	0. 0000136	0. 000000378		
	未修正的合计	44	0. 00912			
	修正的合计	40	0. 00573			

5. 3. 5　最大腐蚀深度及点蚀系数

图 5-14 为 CO_2分压对 CO_2/原油/盐水体系下 J55 碳钢最大腐蚀深度和点蚀系数的影响，随着 CO_2分压的增大，J55 碳钢表面点蚀系数逐渐减小，最大腐蚀深度的变化不大。

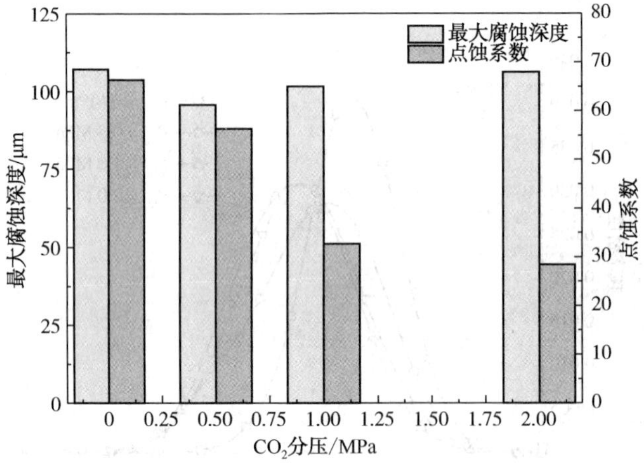

图 5-14 CO_2分压对CO_2/原油/盐水体系下 J55 碳钢最大腐蚀深度和点蚀系数的影响

5.3.6 腐蚀产物膜电化学性质

对比油管环境为 11MPa、65℃、不同CO_2分压下产生的腐蚀产物膜对 J55 碳钢电化学性质的影响，腐蚀产物膜的阻抗如图 5-15 所示，腐蚀产物膜的极化曲线如图 5-16 所示。由图 5-15 可得，$P_{CO_2}=0$MPa 时，阻抗图由高频容抗弧和低频 Warburg 阻抗直线组成，说明腐蚀反应受活化和扩散共同控制；随着CO_2分压的增大，阻抗谱变为单一的容抗弧，且容抗弧并不完整，表明极化过程存在扩散的影响，但影响程度较低，这反映出腐蚀产物膜对腐蚀介质的扩散阻碍作用较小，腐蚀产物膜难以对HCO_3^-和H^+等参与阴极反应的离子扩散产生阻碍作用；CO_2分压继续增大，电极表面腐蚀产物膜被溶解的程度更高，在$P_{CO_2}=1.0$MPa 时，低频区出现感抗弧，说明有 J55 碳钢基体裸露在体系中被溶解；在$P_{CO_2}=2.0$MPa 时，低频区感抗弧消失，此时体系中CO_3^{2-}含量高，有利于$FeCO_3$在电极表面的沉积。表 5-8 为带有 65℃、11MPa 时不同CO_2分压下产生腐蚀产物膜的 J55 碳钢极化曲线拟合数据表。

由图 5-16 和表 5-8 可得，随着CO_2分压的增大，腐蚀电位变化不大。随着CO_2分压的增大，阳极极化曲线右移，说明阳极反应不受抑制，极化电流更大；在整个测试条件范围内，阳极极化曲线都比较平坦，形状没有很大的变化，说明阳极反应机理没有发生变化。同时，阳极极化曲线的 Tafel 斜率 *Ba* 变化不大，说明阳极反应机理没有明显变化；而阴极极化曲线的 Tafel 斜率 *Bc* 变化较大，表明阴极反应机理发生了变化。所以，J55 碳钢在不同温度下的腐蚀控制步骤为阴极反应。

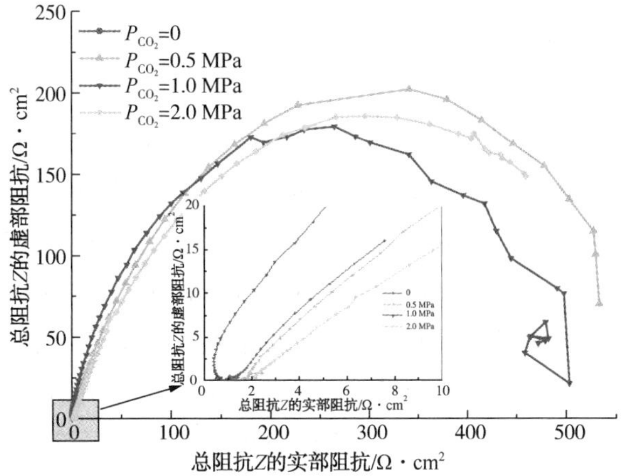

图 5-15　65℃、11MPa 时不同 CO_2分压下 CO_2/原油/盐水体系下产生腐蚀产物膜的阻抗

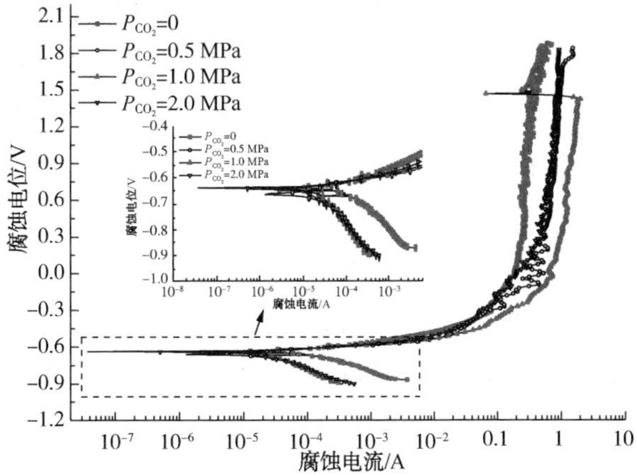

图 5-16　65℃、11MPa 时不同 CO_2分压下 CO_2/原油/盐水体系下产生腐蚀产物膜的极化曲线

表 5-8　带有 65℃、11MPa 时不同 CO_2分压下产生腐蚀产物膜的 J55 碳钢极化曲线拟合数据表

CO_2分压/MPa	E_{corr}/mV	I_{corr}/(mA/cm²)	Ba/mV	Bc/mV
0	645.98	1.019e+001	72.432	141.22
0.5	657.93	4.213e+002	57.12	272.95
1.0	635.84	3.152e+002	60.23	236.43
2.0	639.85	2.612e+002	61.42	184.45

5.4 本章小结

本章首先使用高温高压反应釜模拟 CO_2-EOR 过程中不同井深条件油管内的腐蚀环境，通过失重法测定 J55 碳钢的腐蚀速率，并观察了腐蚀形貌、分析了腐蚀产物的元素组成、测定了腐蚀深度分布、研究了不同井深条件下腐蚀产物膜的电化学性质。探讨了 CO_2分压为 0.5MPa 时井深条件对 CO_2/原油/盐水体系下 J55 碳钢平均腐蚀速率和点蚀规律的影响，并研究了腐蚀最严重的井深条件下 CO_2分压对油管腐蚀和点蚀的影响。主要得到以下结论：

（1）在不同井深条件下，J55 碳钢的腐蚀形态均为局部腐蚀。随着井深增大，平均腐蚀速率先增大后减小，在油管环境为 11MPa、65℃时，J55 碳钢平均腐蚀速率达到最大(0.3099mm/a)；点蚀系数随着井深的增大而减小，但数值仍然很大(>60)，最大腐蚀深度则变化不大。

（2）J55 碳钢在油管环境为 11MPa、65℃时的平均腐蚀速率随着 CO_2分压的增大逐渐增大，点蚀系数逐渐减小，最大腐蚀深度的变化不大。

（3）在不同井深条件下，J55 碳钢表面的腐蚀产物少，有明显的脱落和溶解痕迹，其中主要含有 C、O、Fe、Ca 等元素，腐蚀产物主要为 $CaCO_3$和 $FeCO_3$复合盐。

（4）随着井深的增大，J55 碳钢在 48h 内产生的腐蚀产物膜对腐蚀电位的影响不大。阳极反应机理没有明显变化，J55 碳钢在不同井深条件下的腐蚀控制步骤为阴极反应。在油管环境为 11MPa、65℃时，在不同 CO_2分压条件下，J55 碳钢表面腐蚀产物膜具有类似的性质。

第 6 章 CO_2-EOR 过程中油管防腐技术

6.1 前言

在 CO_2-EOR 过程中，管中的部分 CO_2 气体溶于水形成碳酸溶液，碳酸溶液会与油管发生电化学反应从而腐蚀油管，这是油管腐蚀的重要原因。影响 CO_2 腐蚀的因素多种多样，辽宁石油化工大学李佳航等认为温度、CO_2 分压、pH 值、流速及腐蚀产物膜等因素影响 CO_2 的腐蚀速率，并探究了各因素对管道的腐蚀影响。目前，对油管采取的防腐措施大体有四种，分别是使用 CO_2 缓蚀剂、使用耐蚀管材、使用内衬涂层、阴极保护，本章将从这四个方面阐述 CO_2-EOR 过程中油管防腐技术。

6.2 使用 CO_2 缓蚀剂

6.2.1 咪唑啉类缓蚀剂

咪唑啉类缓蚀剂的使用在防腐措施中较为常见，其具有无特殊刺激性气味、毒性低、热稳定性好等特点，吸引了众多研究者的关注。咪唑啉分子的化学结构如图 6-1 所示，主要由亲水基氨基、疏水基支链和一个含 C ═ N 的五元杂环构成。从前人的研究中发现，咪唑啉及其衍生物在大部分腐蚀介质中具有优良的缓蚀性能，在工业酸洗、油气田防腐等领域具有较好的应用前景。

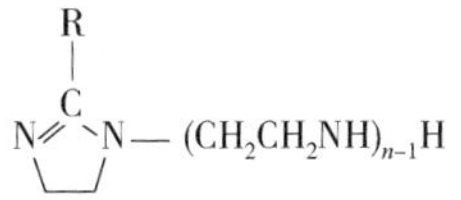

图 6-1 咪唑啉分子的化学结构

1. 咪唑啉类缓蚀剂的缓蚀机理

虽然咪唑啉类缓蚀剂在防腐中的使用非常广泛，但目前对其缓蚀机理还没有完全研究透彻，研究人员普遍认为咪唑啉类缓蚀剂的缓蚀效果与它的腐蚀环境、金属表面状态及化学结构有关。并且，随着研究的深入，不同的咪唑啉类缓蚀剂也对应着不同的缓蚀机理。

陈卓元等认为咪唑啉类缓蚀剂缓蚀机理是缓蚀剂吸附在金属表面形成吸附层保护膜，改变了腐蚀介质中 H^+ 的氧化还原电位，同时络合了某些氧化剂而降低了其电位，因而抑制阳极反应的发生。杨怀玉等利用腐蚀电化学方法，将14 种不同浓度的咪唑啉类衍生物加入 14 种含 H_2S 的溶液中，对咪唑啉类缓蚀剂的缓蚀机理做了研究。他们发现咪唑啉分子在电极表面的化学吸附作用基本决定了咪唑啉类缓蚀剂的缓蚀作用。其中的 13 种咪唑啉类缓蚀剂的吸附都符合 Langmuir 单分子等温吸附规律，并且这种吸附主要是分子中的不饱和五元环与金属表面发生强烈吸附而形成双电层结构。Wenshu G 团队用交流阻抗法、动电位极化法和 SECM 分析法研究了在酸性介质中引入磷酸酯（—PH_2O_3）基团的咪唑啉类缓蚀剂（GSIM）对 Q345 钢的缓蚀性能，并对 Q345 钢表面形成的钝化膜的化学成分做了研究。他们发现引入的—PH_2O_3基团不仅通过与铁离子的配位增强了其在金属表面的吸附能力，同时抑制了—NH_2基团和水分子形成的氢键对吸附的干扰，各因素相互促进，增强了缓蚀剂的缓蚀效果。

2. 影响缓蚀性能的因素

咪唑啉类缓蚀剂的浓度、环境温度和分子结构是影响其缓蚀性能的重要因素。刘然克等通过实验发现咪唑啉类缓蚀剂的浓度对 P110 钢的应力腐蚀开裂（SCC）有重要影响。当缓蚀剂足量时，咪唑啉类缓蚀剂对 SCC 和均匀腐蚀均具有较好的抑制效果；但当缓蚀剂量不足时，添加缓蚀剂反而会增大 P110 钢的 SCC 敏感性。刘建国团队研究了影响咪唑啉类缓蚀剂对 20#碳钢的缓蚀性能的因素，发现浓度和温度对缓蚀剂性能的影响不可忽视，并且缓蚀剂的分子结构也对咪唑啉类缓蚀剂的缓释性能有一定影响。在温度处于 40～50℃ 时，140mg/L 浓度的十六烷基咪唑啉可以较好地保护 20#碳钢；但温度较高（60℃）或较低（25～30℃）时，缓蚀剂的浓度需要维持在 200mg/L 以上才能有较好的防腐效果。同时，取代基的结构可以影响缓蚀剂对腐蚀介质的阻碍程度，实验中苯丙酸咪唑啉的缓蚀效果较十六烷基咪唑啉的缓蚀效果差。

不仅如此，腐蚀产物对咪唑啉类缓蚀剂的腐蚀效果也有一定影响。Shamsa Amir 等通过研究在 CO_2 环境中咪唑啉类缓蚀剂对 X65 钢的缓蚀性能的影响，发现腐蚀产物的存在对抑制剂吸附和腐蚀坑深度有显著影响，实验中缓蚀剂提供的保护能力明显下降。

3. 咪唑啉类缓蚀剂的应用

虽然咪唑啉类缓蚀剂才发展了几十年的时间，但实际的应用却比较广泛。

咪唑啉类缓蚀剂大多应用在 H_2S 腐蚀环境、CO_2 腐蚀环境、CO_2/H_2S 共存环境、炼油厂腐蚀环境、油田采出液和酸性溶液环境中，用来抵抗腐蚀。

根据文献报道，在美国各油田使用的有机缓蚀剂中，咪唑啉类缓蚀剂用量是最大的，我国也开发了各种咪唑啉类缓蚀剂，并应用到了油气田开发中。华北油田研制了一种由噻唑衍生物和咪唑啉衍生物复配的缓蚀剂 IMC-871，在现场应用中 IMC-871 的缓蚀率高达 97%。同时，MB 咪唑啉类缓蚀剂在胜利油田东辛采油厂开始应用，平均腐蚀速率在 0.0005～0.0220mm/a，指标达到了胜利石油管理局的要求，有效减少了作业井次，并延缓了井下管线和注采管线的腐蚀。每年可减少作业井 50 口，节约费用 160 万元；减少更换注水管线 10km 左右，节约费用 415 万元。扣除 MB 缓蚀剂费用 438 万元，每年共创效益达 137 万元。王志宏等为缓解 CO_2 吞吐措施作业对油管产生的严重腐蚀，研究了一种无毒、高效的缓蚀剂体系。他们将合成的新型咪唑啉酰胺盐缓蚀剂与 1227 杀菌剂和聚天冬氨酸阻垢剂按一定比例复配，利用 3 种药剂的协同作用来达到提高缓蚀率的效果。采用目标区块措施井的采出液开展高温高压动态腐蚀实验，当加量为 150mg/L 时，缓蚀剂体系对 N80 试片的动态缓蚀率可达 90%。经与现场不同温度、不同矿化度的采出液进行对比，在 144h 后缓蚀率仍保持在 89%，可满足现场长期腐蚀防控的要求。

6.2.2　季铵盐类缓蚀剂

四级铵盐又称季铵盐。四级铵盐与无机盐性质相似，易溶于水，水溶液能导电。其主要通过氨或胺与卤代烷反应制得，为铵离子中的四个氢原子都被烃基取代而生成的化合物，通式为 R_4NX，其中四个烃基 R 可以相同，也可以不同。X 多是卤素负离子（F^-、Cl^-、Br^-、I^-），也可是酸根（如 HSO_4^-、$RCOO^-$ 等）。

1. 季铵盐类缓蚀剂的缓蚀机理

季铵盐类缓蚀剂是阳极型缓蚀剂，主要通过抑制阳极反应来降低腐蚀速率，以达到缓蚀效果。季铵盐类缓蚀剂的作用机理可能为在腐蚀介质与试样之间形成缓蚀剂吸附膜，阻止两者接触，从而实现延缓试样腐蚀的目的。Liu Z 等用电化学方法研究了二甲基乙醇胺（DMEA）及其与羧酸的复合物的缓蚀作用。实验结果表明，DMEA 不是一种很好的抑制剂，但 DMEA 与辛酸复合显示出优异的抑制效率。通过量子化学计算研究了有机缓蚀剂的协同作用机理，发现 DMEA 与羧酸中的质子形成季铵盐，盐和铁之间形成的环状络合物可能是提高抑制效率的因素。

2. 影响缓蚀性能的因素

从目前研究来看，缓蚀剂浓度和分子结构是影响缓蚀效果的重要因素。郭睿等通过电化学测试表明，硫脲基松香咪唑啉季铵盐的缓蚀率随添加量的增加先增后降，当添加量为0.4%时，缓蚀率最高达到90.78%。温福山团队采用电化学法和静态失重法测试了两种缓蚀剂的缓蚀率，结果显示，在15%HCl溶液中，两种缓蚀剂对N80碳钢都有一定的缓蚀效果，并且缓蚀剂含量增加，缓蚀率增大，但双咪唑啉季铵盐（BIMI）的缓蚀效果要明显好于单咪唑啉季铵盐（SIMI）的缓蚀效果，当BIMI浓度为3.0mmol/L时，其缓蚀率达到93.30%。原中国科学院金属腐蚀与防护研究所研制的炔氧甲基季铵盐将具有较好性能的各类型缓蚀剂的典型官能团互相嫁接，集中反映在一种化合物中，使其在性能上能相互取长补短，在金属表面吸附时形成多个基团同时吸附于金属表面，大幅提高了其在铁表面上的吸附活性，显示出极优良的缓蚀特性，对均匀腐蚀和局部腐蚀都能产生抑制作用。王虎等通过实验研究发现溴元素相比氯元素对喹啉季铵盐缓蚀剂的缓蚀性能有更大的促进作用，并且溴化苄基喹啉-乌洛托品-烯丙硫醇复配体系可在加量较少的情况下达到98.73%的缓蚀率，缓蚀性能突出，有较好的应用前景。

3. 季铵盐类缓蚀剂的应用

铵盐和季铵盐类缓蚀剂的应用在不断被推广，如8401-T及8703-A（季铵盐化合物）、8601-G（季铵盐复合物）、7701（烷基吡啶类季铵盐）、由含氮化合物和聚磷酸盐复配而成的SL-1型胺类缓蚀剂等都在各大油田得到推广应用。闫旭涛采用含磷咪唑啉季铵盐和钨酸钠复配了一种绿色缓蚀剂用于油田采出水中。结果表明，实验温度55℃、时间72h、pH值7.0时，缓蚀剂的最佳投加量为60mg /L，该条件下Q235钢的腐蚀速率为0.0269mm/a，大幅减缓了碳钢的腐蚀速率。为了满足180℃以上储层酸压施工的需要，李晖等以曼尼希碱季铵盐和喹啉季铵盐复配物作为缓蚀剂主剂，通过协同优选复配增效剂和助溶剂等辅剂，设计了高温酸化复合缓蚀剂XAI-180的配方。缓蚀性能及配伍性测试表明，形成的高温酸化缓蚀剂在180℃和盐酸浓度为20%时，胶凝酸体系具有良好的缓蚀性。

6.2.3 有机胺类缓蚀剂

有机胺主要有脂环胺、脂肪胺、杂环胺、芳香胺等。我们可将其看成氨的烃基取代物，能以化学吸附力较坚固地吸附在颜料粒子表面，其中分子的极性端(—NH_2)直接黏附在粒子表面上，而碳氢键定向地伸向介质中。烃基的诱导效应越强，氮的电负性越强，吸附能力也越强，有机胺类缓蚀剂的缓蚀性能就越好。有机胺类缓蚀剂是一种水溶性、挥发性及油溶性的缓蚀剂。

1. 有机胺类缓蚀剂的缓蚀机理

有机胺中有以电负性较强的氧、氮、硫、磷等原子为中心的极性基团和碳、氢等原子组成的非极性基团。极性基团吸附在金属表面，改变双电层结构，提高金属离子化过程的活化能；非极性基团远离金属表面而定向排列，形成一层疏水的薄膜，成为腐蚀反应有关物质扩散的屏障，从而抑制腐蚀。Wassim Trabelsi 等采用标准电化学方法、电化学阻抗谱和扫描电镜分析，研究了聚间甲氧基甲苯(PMMT)涂层对不锈钢的缓蚀性。所获得的结果表明，PMMT 膜形成牺牲层，但是抗腐蚀的效率是有限的。林卫丽团队在实验室中合成了水溶性聚苯胺，电化学测试结果显示，水溶性聚苯胺对碳钢的缓蚀作用是抑制腐蚀的阳极过程。

2. 影响缓蚀性能的因素

陆峰等研究了新型有机胺类缓蚀剂 DTC-1 在不同的缓蚀剂加量、pH 值、温度和 Cl^-浓度条件下对 A3 钢材的缓蚀性能的影响。结果表明，DTC-1 缓蚀剂加量为 120mg/L 时就能取得良好效果，具有良好的抗温性能，并且在氯离子体系中的缓蚀性能良好。DTC-1 缓蚀剂不适用于强酸性环境，但适用于弱酸性、中性和碱性环境，pH 值适用范围为 6.5~12。Wassim Trabelsi 等把不同数量的聚乙氧基苯胺加入盐酸溶液中，对铁进行腐蚀测量。结果显示聚乙氧基苯胺在浓度为 200mg/L 时即可达到 90%的缓蚀效果。吴成剑等应用电化学极化曲线和交流阻抗方法，研究了一种有机胺类添加剂对于热浸镀锌板钼酸盐转化膜耐腐蚀性能的影响，并用扫描电子显微镜观察了不同添加剂浓度条件下形成的转化膜的微观形貌。结果表明，在一定范围内，添加剂浓度的增大有利于转化膜的形成，使转化膜的耐蚀性增强。当添加剂浓度超过一定数值时，由于转化膜形成过程较快，使得转化膜附着力下降并发生开裂，导致其保护作用减弱。林卫丽团队通过实验研究发现水溶性聚苯胺对盐酸溶液中的碳钢具有比较明显的缓蚀作用，缓蚀率可达到 95%左右，但在 5%盐酸溶液中当其质量分数达到 0.4%以上后，缓蚀率不会有明显的提高。同时，发现水溶性聚苯胺对盐酸溶液中碳钢的缓蚀率受温度的影响并不显著，可作为碳钢在较高温度的盐酸溶液中的缓蚀剂。

3. 有机胺类缓蚀剂的应用

南京林业大学李文卓等申请了一项复合防锈剂的专利，提供了一种含有机胺-羧酸盐复合物的耐盐雾防锈油及其制备方法和应用。以15#机械油和溶剂油为溶剂，添加了制备的有机胺-羧酸盐复合物以及市面上常用的其他三种防锈剂，使得对金属制品的防锈期长，尤其是对极易腐蚀的粉末冶金黑色金属同样具有长的防护期。发明制备的防锈油具有耐湿热和高耐盐雾性能，且环保无污染、成本低廉，适合大规模生产。王勤娜等为解决润滑油精制装置中的糠醛腐蚀问题，根据工艺流程的特点，采用注入有机胺类缓蚀剂等措施，破坏糠醛、糠酸和水的共沸，阻止糠酸从糠醛回收塔返回装置系统，结果使全装置的酸值下降，同时使全装置的腐蚀及焦生成量减少，装置开工周期从一年延长至两年半。

有机缓蚀剂在铁质文物保护中的应用较早，但是这方面的系统研究还比较少。丁艳梅、许淳淳将有机胺 A 与乌洛托品按 1：1 制成一种新型的气相缓蚀剂，缓蚀率达到 96.5%，并用这种缓蚀剂对真实铁质文物进行缓蚀保护，获得了较好的效果。

6.2.4　天然植物缓蚀剂

研究表明，不论何种植物纤维原料，其主要化学成分均为纤维素、半纤维素及木质素。纤维素及半纤维素均为碳水化合物，木质素则为芳香族化合物。地球上每年通过光合作用和生化作用形成的木质素约 200×10^8t，资源量可观。因此，利用了天然纤维植物合成缓蚀剂，既充分开发和利用了天然资源，又为以充足原料生产价格低廉、缓蚀效果好的缓蚀剂开辟了新的途径。

1. 天然植物缓蚀剂的缓蚀机理

目前，普遍认为和接受的缓蚀机理有两种：一种是覆盖效用；另一种是负催化效用。但由于缓蚀剂种类繁多，作用机理也不尽相同。因此，要正确了解缓蚀机理，必须根据缓蚀剂的种类和腐蚀介质的性质予以全面考虑。

张万友等将从黑胡椒、白胡椒、烟草这些植物中提取的天然有机物进行复配，对盐酸溶液中 A3 钢用失重法和等电位扫描法开展实验，发现具有良好的缓蚀效果，并指出缓蚀机理为覆盖效应。刘学虎等研究了从海带中提取的缓蚀成分，其中富含氨基、酰氨基、羰基、醛基、羟基等活性基团。这些活性基团带有较多负电荷，可以向金属的空轨道提供电子，吸附在金属表面形成保护膜，使金属表面与腐蚀介质隔开，起到缓蚀作用。另外，海带中含有许多碘离子，对缓蚀有协同作用。

2. 影响缓蚀性能的因素

缓蚀剂的浓度和环境温度影响着天然植物缓蚀剂的缓蚀性能。佟永纯等从苜蓿和芦苇中提取的缓蚀剂是一种绿色、优良的缓蚀剂，具有良好的应用前景。缓蚀剂的缓蚀率随着温度的升高稍有降低，因此，可以在较高温度下使用。苜蓿提取液达到吸附饱和的时间更短，约为10h。张健等重点研究了从竹叶中萃取的酸性缓蚀剂对碳钢在盐酸介质中的缓释作用，探讨了各种温度及缓蚀剂浓度对缓蚀率的影响。随着萃取液浓度增大，介质温度升高，萃取液的缓蚀率均有不同程度的增大。Mehdi Shabani-Nooshabadi 等采用失重法、动电位极化法、电化学阻抗谱、扫描电子显微镜和原子力显微镜研究了东莨菪作这一绿色缓蚀剂在盐酸溶液中对304不锈钢的缓蚀作用。结果表明，提取物作为一种混合类型的抑制剂，随抑制剂浓度的增大，电荷转移电阻增大，双层电容减小。

分子结构同样影响着天然植物缓蚀剂的缓蚀性能。芮玉兰等合成了3种半胱氨酸衍生物，采用失重法、极化曲线法和电化学阻抗谱研究了3种半胱氨酸衍生物对酸洗碳钢的缓蚀性能。失重实验结果表明，S-苄基半胱氨酸的缓蚀率最高，S-己基半胱氨酸缓蚀率次之，S-丁基半胱氨酸缓蚀率较低。电化学研究表明，S-丁基半胱氨酸和S-苄基半胱氨酸均为混合型缓蚀剂，随着浓度增大，S-己基半胱氨酸由阴极型缓蚀剂转化为以抑制阴极为主的混合型缓蚀剂；电化学阻抗谱表明，随着缓蚀剂浓度的增大，碳钢表面电荷转移电阻逐渐增大。

3. 天然植物缓蚀剂的应用

天然植物缓蚀剂的开发使用既可使废弃的天然生物资源得到合理利用、减少环境污染，又可大幅提高其经济价值，为社会的进一步发展提供新的经济增长点。进入21世纪，随着人们环保意识的继续加强，研究和开发对环境不构成破坏作用的无毒无害的“绿色”缓蚀剂成为缓蚀剂发展的重点方向。国外有文献报道，从松香中提取的松香胺衍生物、咪唑及其衍生物可加入高稳定性的钢铁中；用低毒型缓蚀剂代替剧毒的亚硝酸二环己胺；从奶油中提取的酪酸对铁等黑色金属有较好的缓蚀效果。

6.2.5 其他类型缓蚀剂

醛酮类缓蚀剂一般是以醛、酮或有机胺为原料，通过一系列的缩合反应如曼尼希反应等，生成席夫碱或曼尼希碱。该类化合物的主要特点是分子中含有双键或烯酮式结构，能够与金属产生吸附作用，由于其稳定性较好，一般用于高温酸化等较为恶劣的环境中，在强酸介质中表现出很好的缓蚀效果。全方超等的研究结果表明，合成的醛酮胺缓蚀剂缓蚀性能优良，具有耐高温、缓蚀率高的优点，90℃以下在20%的盐酸中加入0.5%~1.0%的缓蚀剂，缓蚀率达到99%以上，超过酸化缓蚀剂评价标准中规定的一级水平。

无机缓蚀剂在金属防护中的实际应用始于20世纪30年代前后，近百年的工业实践表明，由于其本身具备的特异性能(中性介质中的耐高温性；高浓度强氧化性酸性介质中的化学稳定性；高致密度保护膜的保护性等)，所以久用未衰，迄今为止仍占有重要的位置。闫美芳等采用旋转挂片失重法测定聚天冬氨酸、葡萄糖酸钠、丙烯三羧酸-丙烯酸共聚物和锌盐组成的缓蚀剂药方在石家庄地下水、石家庄自来水、某个钢铁厂焦化车间水环境下的缓蚀性能，并对水质指标进行测定，同时又采用摇床实验法测定药方的可生物降解性，发现降解性能良好，是一种环保型的缓蚀剂。

复配型缓蚀剂是通过几种试剂的协同作用来增强缓蚀剂的缓蚀效果。单一的缓蚀剂只能起到缓蚀作用，对高矿化度、易结垢的腐蚀环境，该类缓蚀剂无法适应。因为易结垢的腐蚀体系容易在金属表面结成垢质，导致缓蚀剂无法在金属表面吸附成膜。膜的不完整性容易使金属局部形成原电池，加快金属的腐蚀。西安石油大学马昱刚团队将油酸基咪唑啉与除氧剂联氨进行复配，形成新的复配缓蚀体系。使用静态挂片法及电化学分析法评价其对P110钢的缓蚀性能，实验结果表明，当缓蚀剂与除氧剂用量比为1∶1时，浓度为300mg/L时缓蚀率可达到87.24%。同时采用预膜处理的方法对该缓蚀体系的缓蚀性能进行评价，预膜油溶助剂以5倍常规加注量为宜，缓蚀剂以10倍常规加注量最佳，缓蚀率可达到87.77%。

6.3 使用耐蚀管材

6.3.1 低Cr钢

低Cr钢是一种Cr元素含量小于5%的合金钢材料。低Cr钢不仅具有较好的耐CO_2腐蚀性能，同时也具有一定的价格优势。大量的实验与研究表明，在腐蚀环境不是特别严峻的条件下，含Cr低合金管线钢是目前兼顾耐蚀性与经济性最为全面的抗CO_2腐蚀管线钢。

Liu M等采用循环伏安法、动电位极化法、电化学阻抗谱、扫描电子显微镜和X-射线衍射等，研究了HRB400碳钢和3种低铬钢筋在模拟不同酸碱度和氯化物含量的混凝土孔隙溶液中的腐蚀行为。结果表明，酸碱度和氯离子在钢筋钝化膜的形成中起着重要作用。随着酸碱度的降低，点蚀电位负移，极化电阻降低，钝化膜中载流子密度增大。宋帅等通过改变Cr含量，研究Cr含量对低Cr钢耐CO_2腐蚀行为的影响。他们发现随着Cr含量的增大，低Cr钢平均腐蚀速率下降非常明显。同时，对普通商用316L不锈钢和Cr含量为4.5%的Cr钢试样在含Cl^-溶液和无Cl^-溶液中分别进行相同条件下的腐蚀实验，发现Cl^-条件下钢的腐蚀速率更快，显著增加了4.5%Cr钢的腐蚀敏感性，尤其是点蚀敏感性。

6.3.2 高Cr钢

高Cr钢是一种Cr元素含量大于10%的合金钢材料。杨向同等通过高温高压腐蚀模拟实验、应力腐蚀开裂实验及电化学测试，研究了高强15Cr马氏体不锈钢在有机盐完井液中的腐蚀行为。结果表明，在180℃温度下，在密度为$1.4g/cm^3$的有机盐完井液中腐蚀720h，高强15Cr马氏体不锈钢的均匀腐蚀速率为0.2898mm/a；相同条件下，高强15Cr马氏体不锈钢具有良好的耐应力腐蚀性能；当有机盐完井液密度为$1.4g/cm^3$，温度为30~150℃时，高强15Cr马氏体不锈钢的点蚀电位随温度升高而降低，且降低的趋势逐渐变弱；当温度为30℃，有机盐完井液的密度为$1.1\sim1.5g/cm^3$时，有机盐完井液的密度对高强15Cr马氏体不锈钢的点蚀电位几乎没有影响。

崔璐等以油井管13Cr不锈钢为研究对象，研究了影响13Cr不锈钢腐蚀作用的因素。结果表明，随着溶液流速的增大，13Cr不锈钢的腐蚀速率增大，材料表面出现点蚀坑；颗粒冲刷速度的增大，显著加速了材料的损失，使材料表面出现片状划痕；在液固两相流动溶液中，冲刷速率远大于电化学腐蚀速率，并且两者相互促进，材料表面同时出现点蚀坑和片状划痕。

6.3.3 其他耐蚀合金

耐蚀合金复合板具有较好的耐蚀性，也具有一定的成本优势。为了延缓油气田压力容器长期在复杂工况下服役发生的设备腐蚀失效，研发者提出了一种新型钎涂内防腐工艺技术。该技术为采用钎涂工艺在压力容器内壁制备镍基耐蚀合金内涂层，形成的涂层结合强度高，均匀致密，可以避免因有机涂料防腐层脱落出现的腐蚀加速现象以及焊缝处材料成分不均匀导致的点蚀现象。同时，钎涂工艺对基体材料损伤小，有效克服了设备因热处理而降低耐蚀性的缺点。该工艺在塔里木油气田高压生产分离器中的应用结果表明，涂层防腐效果良好，设备运行的安全可靠性得到提高，且减少了现场操作人员的维修工作量，具有良好的经济效益和社会效益。

李雪松曾经对含 Ti 的低合金钢的耐大气腐蚀性能进行过一系列研究，实验证明，钢中由于加入 Ti 在其表面可以形成氧化膜从而使低合金钢的耐蚀性得到提高。

Incoloy 825 是 Inco 公司发明的一种添加了钼、铜和钛的镍-铁-铬固溶强化合金。张菽浪等介绍了 Incoloy 825 合金的化学成分及各元素的作用，给出了 Incoloy 825 合金的物理性能、机械性能、耐蚀性能，展现出 Incoloy 825 合金较好的复合性能。

6.4 使用内衬涂层

6.4.1 内衬油管

内衬油管的防腐机理大体分为三部分：一是制作材料为高密度聚乙烯材料，相比普通管路，该管路摩擦力小，可缩减抽油机工作时抽油杆与内衬油管的表面摩擦力，减轻表面磨损程度。二是抽油机在工作过程中，抽油机管杆磨损程度与油管接箍面粗糙程度息息相关，相比普通材料，内衬油管硬度低，抽油杆在活动过程中不会与接箍发生摩擦，因此接箍也不会磨损，从而起到保护接箍及抽油杆的目的。三是内衬油管表面是惰性材料，抗腐蚀能力较强，可避免油井开发时液体与普通油管管壁接触，导致油管被腐蚀。

中国石油长庆油田分公司长庆实业集团于 2018 年投入使用内衬油管，截至目前，未更换过内衬油管，且在修井时倒换内衬油管顺序，有效延长使用期。共配套使用 44 口井内衬油管，检泵周期由 105d 延长到 330d。赵哲龙等研究了延长油田内衬油管的使用情况，认为 HDPE 内衬油管可以减轻油管腐蚀，延长洗井、修井周期；大大延长油管使用寿命；可取代抽油杆扶正器等防偏磨工具，解决油井偏磨、防腐问题。该技术有广阔的应用空间，具有良好的经济效益和社会效益。

6.4.2　内涂层油管

内涂层油管应用于油气井已有相关报道，具有很好的耐腐蚀性，且大部分油管内涂层的主要成分为改性环氧酚醛树脂。改性环氧酚醛涂层很好地解决了此类腐蚀问题，在陇东、宁夏老区等 75 口井中使用了 DPC 涂层，使用以后从 2002 年至今没有出现穿孔现象。可以认为，DPC 涂层具有良好的防腐蚀性能，可以有效地抵御各种腐蚀介质对管材基体的侵蚀，有效延长了石油专用管材的使用寿命。李建平等研究了在塔里木油田 LN209 注水井中，高温、高压、高矿化度环境下使用 5 年的 PC400 内涂层油管的服役行为，结果表明，涂层性能仍然良好，在该井极严峻腐蚀环境中，保护油管钢未发生腐蚀。

内涂层油管的缓蚀效果也受温度的影响。Guiyang Wu 等研究了氯离子浓度、盐酸含量、硫化氢/二氧化碳（H_2S/CO_2）、温度和流量对 BG90S 钢管内表面环氧酚醛涂层失效的影响。结果表明，随着离子浓度的增大，氯离子浓度、盐酸含量和 H_2S/CO_2 对失效过程的影响不大。然而，高温下的流速是影响内涂层油管耐腐蚀性的最重要因素。随着流速的增大，流速对内涂层油管渗透破坏的影响减弱。一旦氧化硅穿透内涂层并到达内涂层/钢界面，在此通过吸附反应形成 H_2，内涂层就会失效。

6.5　阴极保护

阴极保护技术是电化学保护技术的一种，其原理是向被保护的金属结构提供阴极保护电流，被保护结构物成为阴极，使其阴极极化到一定范围，从而使金属腐蚀发生的电子迁移得到抑制，避免或减弱腐蚀的发生。牺牲阳极保护是通过金属（阳极）自身的溶解向被保护结构提供电流，外加电流保护是通过直流电源设备向被保护结构提供电流。

目前，阴极保护技术被广泛应用于海水和土壤中各类钢结构的保护，效果早已被大量的长期工程实践所充分证明。Kurniawan 等设计了一种外加电流阴极保护系统，并研制了一台热电发电机。通过实验研究发现，采用外加电流阴极保护方法可以减缓船体的腐蚀速率，而不需要额外的成本或燃料消耗来产生电能。美国联邦高速公路管理局自 1975 年起，开始将阴极保护技术应用于钢筋混凝土的停车库、桥梁和隧道中，并于 1982 年指出："阴极保护是已经被证实的唯一能够制止盐污染桥面板腐蚀的维修技术，无论混凝土中的氯化物含量如何。"

6.6 本章小结

本章介绍了油管防腐的常用方法，主要包括使用CO_2缓蚀剂、使用耐蚀管材、使用内衬涂层、阴极保护。CO_2缓蚀剂包括咪唑啉类缓蚀剂、季铵盐类缓蚀剂、有机胺类缓蚀剂和天然植物缓蚀剂等，有侧重地介绍了其化学结构、防腐机理、影响因素和防腐应用等；耐蚀管材包括低 Cr 钢、高 Cr 钢以及其他耐蚀合金，阐述了影响其缓蚀性能的因素及实际应用等方面的信息；内衬涂层分为内衬油管和内涂层油管，介绍了影响其缓蚀性能的因素及应用等情况；对阴极保护的机理和应用做了探究。

参考文献

[1] Kuramochi T, Ramírez A, Turkenburg W, et al. Effect of CO_2 capture on the emissions of air pollutants from industrial processes [J]. International Journal of Greenhouse Gas Control, 2012, 10(10): 310-328.

[2] Zeng R, Vincent C J, Tian X, et al. New potential carbon emission reduction enterprises in China: deep geological storage of CO_2 emitted through industrial usage of coal in China [J]. Greenhouse Gases Science & Technology, 2013, 3(2): 106-115.

[3] Luhar A K, Etheridge D M, Leuning R, et al. Locating and quantifying greenhouse gas emissions at a geological CO_2 storage site using atmospheric modeling and measurements [J]. Journal of Geophysical Research Atmospheres, 2015, 119(18): 10, 959-10, 979.

[4] Kuuskraa V A, Godec M L, Dipietro P. CO_2 utilization from next "Generation" CO_2 enhanced oil recovery technology [J]. Energy Procedia, 2013, 37: 6854-6866.

[5] Barnes D, Harrison B, Michael Grammer G, et al. CO_2-EOR and geological carbon storage resource potential in the Niagaran Pinnacle Reef Trend, Lower Michigan, USA [J]. Energy Procedia, 2013, 37: 6786-6799.

[6] Uddin M, Jafari A, Perkins E. Effects of mechanical dispersion on CO_2 storage in Weyburn CO_2-EOR field - Numerical history match and prediction [J]. International Journal of Greenhouse Gas Control, 2013, 16(8): S35-S49.

[7] Jong-Won Choi, Jean-Philippe Nicot, Seyyed A, et al. CO_2 recycling accounting and EOR operation scheduling to assist in storage capacity assessment at a U. S. gulf coast depleted reservoir [J]. International Journal of Greenhouse Gas Control, 2013, 18: 474-484.

[8] 娄毅，杨胜来，章星，等．低渗透油藏二氧化碳混相驱超前注气实验研究——以吉林油田黑 79 区块为例[J]．油气地质与采收率，2012，19(5)：78-80.

[9] 李振泉，李相远，袁明琦，等．商 13-22 单元 CO_2驱室内实验研究[J]．油气地质与采收率，2000(3)：9-11.

[10] Saini D, Gorecki C D, Knudsen D J, et al. A simulation study of simultaneous acid gas EOR and CO_2 storage at apache's Zama F Pool [J]. Energy Procedia, 2013, 37: 3891-3900.

[11] Attavitkamthorn V, Vilcáez, Javier, et al. Integrated CCS aspect into CO_2 EOR project under wide range of reservoir properties and operating conditions [J]. Energy Procedia, 2013, 37: 6901-6908.

[12] Choi Y S, Young D, Nešić S, et al. Wellbore integrity and corrosion of carbon steel in CO_2

geologic storage environments: A literature review [J]. International Journal of Greenhouse Gas Control, 2013, 16(1): S70-S77.

[13] Pfennig A, Linke B, Kranzmann A. Corrosion behaviour of pipe steels exposed for 2 years to CO_2-saturated saline aquifer environment similar to the CCS-site Ketzin, Germany [J]. Energy Procedia, 2011, 4: 5122-5129.

[14] Zhang G A, Cheng Y F. Localized corrosion of carbon steel in a CO_2-saturated oilfield formation water [J]. Electrochimica Acta, 2011, 56(3): 1676-1685.

[15] Laumb J D, Glazewski K A, Hamling J A, et al. Wellbore corrosion and failure assessment for CO_2 EOR and storage: Two case studies in the Weyburn field [J]. International Journal of Greenhouse Gas Control, 2016, 54: 479-489.

[16] 王嘉亮. 二氧化碳驱引起管线穿孔的统计分析及防治措施[J]. 油气田地面工程, 2017, 36(4): 86-89.

[17] 贾思洋. 油气管线的CO_2腐蚀与防护综述[J]. 清洗世界, 2012, 28(12): 30-36+44.

[18] 刘玉, 李焰. 天然气管线钢CO_2腐蚀研究进展[J]. 中国腐蚀与防护学报, 2013, 33(1): 1-9.

[19] Veawab A, Paitoon Tontiwachwuthikul P, Chakma A. Corrosion behavior of carbon steel in the CO_2 absorption process using aqueous amine solutions [J]. Industrial & Engineering Chemistry Research, 1999, 38(10): 3917-3924.

[20] Kermani M B, Morshed A B. Carbon dioxide corrosion in oil and gas production: a compendium [J]. Corrosion, 2003, 59, 659-683.

[21] 李春福, 王斌, 张颖, 等. 油气田开发中CO_2腐蚀研究进展[J]. 西南石油大学学报(自然科学版), 2004, 26(2): 42-46.

[22] Ikeda A, Ueda M, Mukai S. CO_2 behavior of carbon and Cr steel [C]. Corrosion, Houston: NACE, Texas, 1984, 39.

[23] Schmitt G. CO_2 corrosion of steels an attempt to rang parameter and their effects [C]. Corrosion, Houston: NACE, Texas, 1984, 1.

[24] Xia Z, Chou K C, Szklarska- Smialowska Z. Pitting corrosion of carbon steel in CO_2-containing NaCl brine [J]. Corrosion, 1989, 45(8): 636.

[25] Rlesenfeld F C, Blohm C L. Corrosion problems in gas purification units employing MEA solutions [J]. Petroleum refiner, 1950, 29(4): 141-150.

[26] Colet J L, Thevenot N, Nesic S. Role of conductive corrosion products in the protectiveness of corrosion layers [J]. Corrosion, 1998, 54(2): 194-203.

[27] Efird K, Jasinski R. Effect of the crude oil on corrosion of steel in crude/brine production [J]. Corrosion, 1989, 45(5): 165-171.

[28] 姬鄂豫, 李爱魁, 张银华, 等. 原油对碳钢腐蚀行为影响的研究[J]. 材料保护, 2004,

37(5)：42-44.

[29] 彭伟华，苗健，高伟，等．原油含水量和流速对 X60 钢管道腐蚀行为的影响[J]. 材料保护，2012，45(5)：60-62.

[30] 程雅雯，赵会军，张璇，等．原油含水率和温度对 X80 钢腐蚀实验研究[J]. 油气田地面工程，2016，35(10)：101-104.

[31] 孙冲，孙建波，王勇，等．超临界 CO_2/油/水系统中油气管材钢的腐蚀机制[J]. 金属学报，2014，50(7)：811-820.

[32] 王世杰．原油含水率对油气管材超临界 CO_2腐蚀行为的影响[J]. 腐蚀科学与防护技术，2015，27(1)：73-77.

[33] Deyab M A, El-Rehim S S A. Effect of succinic acid on carbon steel corrosion in produced water of crude oil [J]. Journal of the Taiwan Institute of Chemical Engineers, 2014, 45(3): 1065-1072.

[34] Liu W, Zhou Q, Li L, et al. Effect of alloy element on corrosion behavior of the huge crude oil storage tank steel in seawater [J]. Journal of Alloys & Compounds, 2014, 598(12): 198-204.

[35] Khalifa M A, El-Batouti M, Mahgoub F, et al. Corrosion inhibition of steel in crude oil storage tanks [J]. Materials & Corrosion, 2015, 54(4): 251-258.

[36] 魏爱军，霍富永，王茜，等．CO_2驱油地面集输管道的腐蚀电化学行为[J]. 腐蚀与防护，2009，30(6)：383-385.

[37] Castillo M, Rincón H, Duplat S, et al. Protective properties of crude oil in CO_2 and H_2S corrosion[A]. Corrosion [C]. Houston TX: NACE International, 1999, 5.

[38] Waard C D, Milliams D E. Carbonic acid corrosion of steel [J]. Corrosion, 1975, 31(5): 177-182.

[39] Davies D H, Burstein C T. The effects of bicarbonate on the corrosion and Passivation of iron [J]. Corrosion, 1980, 36(8): 416-422.

[40] Ogundele G I, White W E. Some observation on corrosion of carbon steel in aqueous environment containing carbon dioxide [J]. Corrosion, 1986, 42(2): 71-78.

[41] Linter B R, Burstein G T. Reaction of pipeline steels in carbon dioxide solutions [J]. Corrosion Science, 1999, 41(1): 117-139.

[42] Nesic S, Postlethwaite J, Olsen S. An electrochemical model for prediction of corrosion of mild steel in aqueous carbon dioxide solutions [J]. Corrosion, 1996, 52(4): 280-294.

[43] 张学元，余刚，王凤平，等．Cl^-对 API P105 钢在含 CO_2溶液中的电化学腐蚀行为的影响[J]. 高等学校化学学报，1999，20(7)：1115-1158.

[44] Zhang Y, Pang X, Qu S, et al. The relationship between fracture toughness of CO_2 corrosion scale and corrosion rate of X65 pipeline steel under supercritical CO_2 condition [J]. Interna-

tional Journal of Greenhouse Gas Control, 2011, 5(6): 1643-1650.

[45] Zhang Y, Pang X, Qu S, et al. Discussion of the CO_2 corrosion mechanism between low partial pressure and supercritical condition [J]. Corrosion Science, 2012, 59(5): 190-197.

[46] Choi Y S, Nesic S, Young D. Effect of impurities on the corrosion behavior of CO_2 transmission pipeline steel in supercritical CO_2-water environments [J]. Environmental Science & Technology, 2010, 44(23): 9233-9238.

[47] Wu S L, Cui Z D, Zhao G X, et al. EIS study of the surface film on the surface of carbon steel from supercritical carbon dioxide corrosion [J]. Applied Surface Science, 2004, 228(1): 17-25.

[48] Cui Z D, Wu S L, Li C F, et al. Corrosion behavior of oil tube steels under conditions of multiphase flow saturated with super-critical carbon dioxide [J]. Materials Letters, 2004, 6: 1035-1040.

[49] Lin G, Bai Z, Zhao X, et al. Effect of temperature and pressure on the morphology of carbon dioxide corrosion scales [J]. Corrosion, 2006, 62(6): 501-507.

[50] Sim S, Cole I S, Bocher F, et al. Investigating the effect of salt and acid impurities in supercritical CO_2 as relevant to the corrosion of carbon capture and storage pipelines [J]. International Journal of Greenhouse Gas Control, 2013, 17: 534-541.

[51] Yong H, Barker R, Neville A. Comparison of corrosion behaviour for X65 carbon steel in supercritical CO_2-saturated water and water-saturated/unsaturated supercritical CO_2 [J]. Journal of Supercritical Fluids, 2015, 97: 224-237.

[52] Nor A M, Suhor M F, Mohamed M F, et al. Corrosion of carbon steel in high CO_2 containing environments-the effect of high flow rate [C]. Corrosion/2012, NACE International, Houston/TX, 2012, paper no. 1683.

[53] Suhor M F, Mohamed M F, Nor A M, et al. Corrosion of mild steel in high CO_2 environment: effect of the $FeCO_3$ layer, Corrosion/2012, NACE International, Houston/TX, 2012, paper no. 1434.

[54] Kongshaug K O, Seiersten M. Baseline experiments for the modelling of corrosion at high CO_2 pressure, Corrosion/2004, NACE International, Houston / TX, 2004, paper no. 4630.

[55] Seiersten M, Material selection for separation, transportation and disposal of CO_2, Corrosion/2001, NACE International, Houston/TX, 2001, paper no. 1042.

[56] Palacios C A, Shadley J R. Characteristics of corrosion scales on steels in a CO_2-saturated NaCl brine [J] Corrosion, 1991, 47(2): 122.

[57] 赵国仙, 陈长风, 路民旭, 等. CO_2腐蚀的产物膜及膜中物质交换通道的形成[J]. 中国腐蚀与防护学报, 2002, 22(6): 363-366.

[58] Jianbo S, Chong S, Guoan Z, et al. Effect of water cut on the localized corrosion behavior of

P110 tube steel in supercritical CO_2/oil/water environment [J]. Corrosion, 2016, 72(11): 1-34.

[59] Wu S L, Cui Z D, He F, et al. Characterization of the surface film formed from carbon dioxide corrosion on N80 steel [J]. Materials Letters, 2004, 58(6): 1070-1081.

[60] Liu W, Dou J, Lu S, et al. Effect of silty sand in formation water on CO_2 corrosion behavior of carbon steel [J]. Applied Surface Science, 2016, 367(1): 438-448.

[61] Jiang X, Zheng Y G, Qu D R, et al. Effect of calcium ions on pitting corrosion and inhibition performance in CO_2 corrosion of N80 steel [J]. Corrosion Science, 2006, 48(10): 3091-3108.

[62] Wei L, Gao K W, Li Q. Corrosion of low alloy steel containing 0.5% chromium in supercritical CO_2-saturated brine and water-saturated supercritical CO_2 environments [J]. Applied Surface Science, 2018, 440: 524-534.

[63] 程远鹏. 含原油介质中集输管线钢 CO_2腐蚀特性研究[D]. 青岛: 中国石油大学(华东), 2016.

[64] Wei L, Pang X, Liu C, et al. Formation mechanism and protective property of corrosion product scale on X70 steel under supercritical CO_2 environment[J]. Corrosion Science, 2015, 100: 404-420.

[65] Farelas F, Galicia M, Brown B, et al. Evolution of dissolution processes at the interface of carbon steel corroding in a CO_2 environment studied by EIS [J]. Corrosion Science, 2010, 52(2): 509-517.

[66] Zhang G A, Liu D, Li Y Z, et al. Corrosion behaviour of N80 carbon steel in formation water under dynamic supercritical CO_2 condition[J]. Corrosion Science, 2017, (120): 107-120.

[67] 叶超, 杜楠, 赵晴, 等. 不锈钢点蚀行为及研究方法的进展[J]. 腐蚀与防护, 2014, 35(3): 271-276.

[68] 石林, 郑志军, 高岩. 不锈钢的点蚀机理及研究方法[J]. 材料导报, 2015, 29(23): 79-85.

[69] 张胜寒, 檀玉, 梁可心. 电化学阻抗谱法对 304 不锈钢孔蚀生长和再钝化阶段的原位研究[J]. 中国腐蚀与防护学报, 2011, 31(2): 130-134.

[70] 朱一帆, 李大刚, 王国兵, 等. 不锈钢和碳钢在含酚酸性废水中耐蚀性[J]. 南京工业大学学报(自然科学版), 1995, 17(2): 48-51.

[71] 秦丽雁, 宋诗哲, 张寿禄. 光亮退火处理 304 不锈钢在 NaCl 溶液中的耐蚀性[J]. 材料热处理学报, 2006, 27(2): 98-102.

[72] 胡丽华, 杜楠, 王梅丰, 等. 电化学噪声和电化学阻抗谱监测 1Cr18Ni9Ti 不锈钢的初期点蚀行为[J]. 中国腐蚀与防护学报, 2007, 27(4): 233-237.

[73] Li L, Ying L, Wang F. Pitting mechanism on an austenite stainless steel nanocrystalline coat-

ing investigated by electrochemical noise and in-situ AFM analysis [J]. Electrochimica Acta, 2009, 54(2): 768-780.

[74] 万斌, 王梅丰, 陈东初, 等. 显微显色法结合三维视频显微镜技术检测 304 不锈钢的早期点蚀[J]. 腐蚀与防护, 2016, 37(10): 838-841.

[75] Wang Y, Cheng G, Li Y. Observation of the pitting corrosion and uniform corrosion for X80 steel in 3.5 wt.% NaCl solutions using in-situ and 3-D measuring microscope [J]. Corrosion Science, 2016, 111: 508-517.

[76] 费逸伟, 彭彬, 校云鹏. 金属腐蚀图像数字处理技术发展综述[J]. 数字技术与应用, 2010(11): 45-46.

[77] Champion Corrosion testing procedure [M]. London: Chapman and Hall, 1964.

[78] Itzhak D, Dinstein I, Zilberberg T. Pitting corrosion evaluation by computer image processing [J]. Corrosion Science, 1981, 21(1): 17-22.

[79] Frantziskonis G N, Simon L B, Woo J, et al. Characterization of pitting corrosion damage through multiscale analysis [C]. Nondestructive Evaluation of Aging Materials & Composites Ⅲ. 1999.

[80] Codaro E N, Nakazato R Z, Horovistiz A L, et al. An image processing method for morphology characterization and pitting corrosion evaluation [J]. Materials Science & Engineering A (Structural Materials: Properties, Microstructure and Processing), 2002, 334(1-2): 298-306.

[81] Journaux S, Guillaumin C, Gouton P, et al. Image analysis of corrosion pit damage [J]. Optical Engineering, 2000, 38(8): 1312-1318.

[82] 尹文博. 图像处理技术在表征腐蚀钢结构表面特征中的应用[D]. 西安: 西安建筑科技大学, 2011.

[83] Costa J M, Sagués F, Vilarrasa M. Fractal patterns from corrosion pitting [J]. Corrosion Science, 1991, 32(5): 665-668.

[84] Kurose M, Morikawa A, Tsuda M, et al. Image processing approach to corrosion configuration of pure copper and fractal characteristics [J]. Journal of the Society of Materials Science, 1995, 5: 649-655.

[85] Aoyama M, Shibata Y. Evaluation of corrosion on cast iron surfaces by fractal dimension analysis [J]. International Journal of Materials and Product Technology, 2001, 1: 403-408.

[86] 翁永基, 许述剑, 边丽. 腐蚀和腐蚀模型研究中的分形方法[J]. 中国腐蚀与防护学报, 2006(5): 315-320.

[87] 翁永基, 许述剑, 古井, 等. 碳钢腐蚀发展的图像特征[J]. 石油化工高等学校学报, 2006(3): 88-91.

[88] 边丽, 翁永基, 许述剑. 基于分形动力学过程的腐蚀预测模型[J]. 化学通报, 2006

(3)：207-210.

[89] 翁永基，李相怡．土壤中碳钢平均腐蚀速度统计特征的分形研究[J]．中国腐蚀与防护学报，2005，5(4)：200-204.

[90] 许述剑，翁永基，李相怡．图像分维对腐蚀坑分布特征的表征[J]．中国腐蚀与防护学报，2007，27(2)：109-113.

[91] Xu S, Weng Y. A new approach to estimate fractal dimensions of corrosion images [J]. Pattern Recognition Letters, 2006, 27(16): 1942-1947.

[92] 翁永基，李相怡．分维方法对碳钢土壤腐蚀行为的表征[J]．石油化工高等学校学报，2005(2)：56-59+93-94.

[93] 许述剑，翁永基．图像灰度与腐蚀特征的相关性研究[J]．中国腐蚀与防护学报，2006，26(6)：321-324.

[94] 孔德英，王守琰，宋诗哲．金属材料腐蚀形貌图像与实海挂片数据相关性研究[J]．中国腐蚀与防护学报，2001，21(6)：352-356.

[95] Garzon R J, Barrero C, García K E, et al. Morphological analysis and classification of types of surface corrosion damage by digital image processing [J]. Corrosion Science, 2005, 47(1): 1-15.

[96] 邹志，马骊群，樊秋芹，等．基于颜色空间统计分析原理的金属盐雾腐蚀特征识别[J]．计测技术，2016，36(6)：16-21.

[97] 苏润西，宋诗哲．304不锈钢孔蚀过程原位图像采集与分析[J]．金属学报，1998，34(9)：966-970.

[98] 林冠发，白真权，赵新伟，等．温度对二氧化碳腐蚀产物膜形貌特征的影响[J]．石油学报，2004，25(3)：101-105.

[99] 高纯良，李大朋，张雷，等．流速对油管用N80钢CO_2腐蚀行为的影响[J]．腐蚀与防护，2013，34(12)：1090-1092.

[100] 陈长风，路民旭，赵国仙，等．N80油套管钢CO_2腐蚀产物膜特征[J]．金属学报，2002，38(4)：411-416.

[101] 陈长风，赵国仙，严密林，等．含Cr油套管钢CO_2腐蚀产物膜特征[J]．中国腐蚀与防护学报，2002，38(6)：335-338.

[102] 陈长风，赵国仙，路民旭，等．N80钢CO_2腐蚀产物膜研究[J]．中国腐蚀与防护学报，2002，22(3)：143-147.

[103] 龙凤乐，郑文军，陈长风，等．温度、CO_2分压、流速、pH值对X65管线钢CO_2均匀腐蚀速率的影响规律[J]．腐蚀与防护，2005，26(7)：290-293.

[104] 陈长风，路民旭，赵国仙，等．N80油套管钢CO_2腐蚀产物膜的力学性能[J]．金属学报，2003，39(2)：175-181.

[105] Islam M A, Farhat Z N. Characterization of the corrosion layer on pipeline steel in sweet en-

vironment [J]. Journal of Materials Engineering & Performance, 2015, 24(8): 3142-3158.

[106] Rojas A H, Ballesteros A F, Bott I S. Electrochemical study of the protective characteristics of CO_2 corrosion product layers for steels API X80 and P110 [J]. Applied Mechanics & Materials, 2016, 830: 139-146.

[107] Yin Z F, Feng Y R, Zhao W Z, et al. Effect of temperature on CO_2 corrosion of carbon steel [J]. Surface & Interface Analysis, 2010, 41(6): 517-523.

[108] 侯建国，安维杰，常炜，等．原油对 CO_2腐蚀影响的模拟研究[J]. 中国海上油气, 2005, 17(1): 60-64.

[109] Wang S. Effect of water content of crude oil on corrosion behavior of oil and gas tubular goods steel in supercritical CO_2 system [J]. Corrosion Science & Protection Technology, 2015, 27(1): 73-77.

[110] Bai H T, Wang Y Q, Ma Y, et al. Effect of CO_2 partial pressure on the corrosion behavior of J55 carbon steel in 30% crude oil/brine mixture [J]. Materials, 2018, 11(9).

[111] Bai H T, Wang Y Q, Ma Y, et al. Comparison of corrosion behavior for J55 carbon steel in CO_2/30% crude oil/brine and CO_2/brine solution [J]. Science of Advanced Materials. 2019, 11(2): 249-255.

[112] 程远鹏，李自力，白羽，等．X65 钢在模拟集输管道环境中的腐蚀行为[J]. 腐蚀与防护, 2017, 38(7): 510-516.

[113] 赵国玺．表面活性剂物理化学[M]. 北京：北京大学出版社, 1984: 387.

[114] 吴水林，崔振铎，李春福，等．油管钢在饱和二氧化碳模拟油田液中的腐蚀研究[J]. 中国腐蚀与防护学报, 2003, 23(6): 340-344.

[115] 刘安庆．超临界 CO_2-原油-水共存条件下碳钢腐蚀规律研究[D]. 中国石油大学(北京), 2016.

[116] Carew J A, Al-Hashem A, Al-Sayegh A. Cathodic protection of UNS C71500 heat exchanger tubes in sulphide polluted Arabian Gulf sea water [J]. British Corrosion Journal, 2000, 35(2): 115-119.

[117] 马红杰，赵翔，康强利．乙烯装置稀释蒸汽发生器腐蚀穿孔原因分析[J]. 腐蚀科学与防护技术, 2014, 26(1): 86-88.

[118] 周俊波，王奎升，宋在卿．不锈钢换热器失效分析[J]. 腐蚀科学与防护技术, 2003, 15(2): 117-118.

[119] Esmaeely S N. Effect of calcium ion on the formation and protectiveness of iron carbonate layer in CO_2 corrosion [J]. Corrosion, 2013, 69(9): 6310-6327.

[120] 董俊华，曹楚南，林海潮．酸度和氯离子浓度对工业纯铁腐蚀的促进作用机制研究[J]. 腐蚀科学与防护技术, 1995(4): 293-299.

[121] 马丽，郑玉贵．钙离子对 NC-55E 钢 CO_2腐蚀产物膜性能的影响[J]．腐蚀科学与防护技术，2008，20(2)：79-85.

[122] Mustafa A H, Angeles-Chavez B, Ismail M C. Inhibition of CO_2 corrosion of X52 steel by imidazoline-based inhibitor in high pressure CO_2-water environment [J]. Journal of Materials Engineering & Performance, 2013, 22(6): 1748-1755.

[123] Farelas F, Choi Y S, Nesic S, et al. Corrosion behavior of deep water oil production tubing material under supercritical CO_2 environment: Part2-effect of crude oil and flow[J]. Corrosion, 2013, 70(2): 137-145.

[124] Harned H S, Jr R D. The ionization constant of carbonic acid in water and the solubility of carbon dioxide in water and aqueous salt solutions from 0 to 50℃ [J]. Journal of the American Chemical Society, 1943, 65(10): 2030-2037.

[125] Stumm W, Morgan J J. Aquatic chemistry: chemical equilibria and rates in natural waters [J]. Cram101 Textbook Outlines to Accompany, 1996, 179(11): A277.

[126] Marshall W L, Franck E U. Ion product of water substance, 0-1000℃ New International Formulation and its background[J]. Journal of Physical & Chemical Reference Data, 1981, 10(2): 295-304.

[127] Wiebe R. The binary system carbon dioxide-water under pressure [J]. Chemical Reviews, 1941(3): 475-481.

[128] Ziegler K J, Hanrahan J P, Glennon J D, et al. Producing ‘pH switches’ in biphasic water-CO_2 systems [J]. Journal of Supercritical Fluids, 2003, 27(1): 109-117.

[129] Roosen C, Ansorgeschumacher M, Mang T, et al. Gaining pH-control in water/carbon dioxide biphasic systems [J]. Green Chemistry, 2007, 9(5): 455-458.

[130] Sun C, Sun J B, Wan Y, et al. Corrosion behaviors of 25CrMnVA steel in CO_2 flooding enhanced oil recovery system [J]. Advanced Materials Research, 2013, 816-817: 1243-1249.

[131] Nesic S. Effects of multiphase flow on internal CO_2 corrosion of mild steel pipelines [J]. Energy & Fuels, 2012, 26(7): 4098-4111.

[132] Moiseeva L S. Carbon dioxide corrosion of oil and gas field equipment [J]. Protection of Metals, 2005, 41(1): 76-83.

[133] 郑家燊，吕战鹏．二氧化碳腐蚀机理及影响因素[J]．石油学报，1995，16(3)：134-139.

[134] 刘会，朱世东，赵国仙，等．动态和静态下 CO_2分压对 P110 钢腐蚀行为的影响[J]．腐蚀与防护，2009，30(8)：551-554.

[135] Zhang Y, Pang X, Qu S, et al. Discussion of the CO_2 corrosion mechanism between low partial pressure and supercritical condition [J]. Corrosion Science, 2012, 59(3):

186-197.

[136] 侯建国，路民旭，常炜，等．原油对CO_2腐蚀过程的影响及相应腐蚀速率预测研究进展[J]．中国腐蚀与防护学报，2005，25(2)：124-128.

[137] Liu Z M. Phase equilibria of the CO_2-Jiangsu crude oil system and precipitation of heavy components induced by supercritical CO_2[J]. Journal of Supercritical Fluids the, 1999, 16(1): 27-31.

[138] Foroozesh J, Jamiolahmady M. The physics of CO_2, transfer during carbonated water injection into oil reservoirs: From non-equilibrium core-scale physics to field-scale implication [J]. Journal of Petroleum Science and Engineering, 2018: 166, 798 - 805.

[139] 李全安，张清，文九巴，等．温度对油管钢CO_2腐蚀产物膜的影响[J]．材料热处理学报，2004，25(1)：79-81.

[140] Choi Y S, Farelas F, Nešic S, et al. Corrosion behavior of deep water oil production tubing material under supercritical CO_2 environment: Part1-effect of pressure and temperature [J]. Corrosion, 2013, 70(1): 38-47.

[141] 张学元，常泽亮．油气开发中二氧化碳腐蚀的研究现状和趋势[J]．油田化学，1997(2)：190-196.

[142] Eliyan F F, Alfantazi A. On the theory of CO_2 corrosion reactions-Investigating their interrelation with the corrosion products and API - X100 steel microstructure [J]. Corrosion Science, 2014, 85: 380-393.

[143] 李静，孙冬柏，俞宏英，等．CO_2环境中P110钢阳极溶解过程EIS特征[J]．电化学，2001，7(1)：120-125.

[144] 陈长风，路民旭，赵国仙，等．N80钢CO_2腐蚀电极过程交流阻抗分析[J]．金属学报，2002，38(7)：770-774.

[145] Tan Y J, Bailey S, Kinsella B. Mapping non-uniform corrosion using the wire beam electrode method. I. Multi-phase carbon dioxide corrosion [J]. Corrosion Science, 2001, 43(10): 1905-1918.

[146] 赵大伟．低Cr耐蚀材料表面腐蚀产物膜的形成和特性研究[D]．西安：西安石油大学，2010.

[147] 王佳，曹楚南，林海潮．孔蚀发展期的电极阻抗频谱特征[J]．中国腐蚀与防护学报，1989，9(4)：271-279.

[148] Silva, Carlos A R, Liu X, et al. Solubility of siderite ($FeCO_3$) in NaCl solutions [J]. Journal of Solution Chemistry, 2002, 31(2): 97-108.

[149] 王梅丰，杜楠，李晓刚，等．利用电子散斑干涉技术研究45碳钢在$NaHCO_3$-NaCl体系中的早期点蚀行为[J]．中国腐蚀与防护学报，2009，29(3)：210-214.

[150] 杨勇进，张玉成，高克玮，等．X65钢CO_2腐蚀产物膜电化学行为研究[J]．科技导

报，2008，26(5)：65-69.

[151] 蔡峰，柳伟，樊学华，等．高温高压喷射湍流区中 X70 管线钢 CO_2腐蚀电化学特征[J]. 物理化学学报，2013，29(5)：1003-1012.

[152] 陈长风，路民旭，赵国仙，等．腐蚀产物膜覆盖条件下油套管钢 CO_2腐蚀电化学特征[J]. 中国腐蚀与防护学报，2003，23(3)：139-143.

[153] 孙建波，柳伟，杨丽颖，等．高矿化度介质中 J55 钢的 CO_2腐蚀电化学行为[J]. 金属学报，2008，44(8)：991-994.

[154] 任呈强，刘道新，白真权，等．N80 油管钢的 CO_2高温高压腐蚀电化学行为与机理研究[J]. 西安石油大学学报(自然科学版)，2004，19(6)：52-56.

[155] 魏爱军，霍富永，蒋华义．X80 钢的 CO_2腐蚀电化学行为与机理研究[J]. 腐蚀与防护，2011，32(12)：933-943.

[156] 程远鹏，白羽，李自力，等．集输管道 CO_2/油/水环境中 X65 钢的腐蚀特征[J]. 工程科学学报，2018，40(5)：594-604.

[157] 白羽，李自力，程远鹏．集输管线钢在 CO_2/油/水多相流环境中的腐蚀行为[J]. 腐蚀与防护，2017，38(3)：204-207.

[158] 何庆龙，孟惠民，俞宏英，等．N80 油套管钢 CO_2腐蚀的研究进展[J]. 中国腐蚀与防护学报，2007，27(3)：186-192.

[159] Tavares L M, Costa E M D, Andrade J J D O, et al. Effect of calcium carbonate on low carbon steel corrosion behavior in saline CO_2 high pressure environments [J]. Applied Surface Science, 2015(359): 143-152.

[160] 陈长风，路民旭，赵国仙，等．N80 油管钢 CO_2腐蚀点蚀行为[J]. 中国腐蚀与防护学报，2003，23(1)：21-25.

[161] Okafor P C, Liu C B, Zhu Y J, et al. Corrosion and corrosion inhibition behavior of N80 and P110 carbon steels in CO_2-saturated simulated formation water by rosin amide imidazoline [J]. Industrial & Engineering Chemistry Research, 2011, 50(12): 7273-7281.

[162] Yin Z, Zhao W, Bai Z, et al. Characteristics of CO_2 corrosion scale formed on P110 steel in simulant solution with saturated CO_2 [J]. Surface & Interface Analysis, 2010, 40(9): 1231-1236.

[163] Zhu S D, Fu A Q, Miao J, et al. Corrosion of N80 carbon steel in oil field formation water containing CO_2 in the absence and presence of acetic acid [J]. Corrosion Science, 2011, 53(10): 3156-3165.

[164] 张国安，路民旭，吴荫顺．CO_2腐蚀产物膜的微观形貌和结构特征[J]. 材料研究学报，2005，19(5)：537-548.

[165] Zhang G A, Cheng Y F. Electrochemical characterization and computational fluid dynamics simulation of flow-accelerated corrosion of X65 steel in a CO_2-saturated oilfield formation

water[J]. Corrosion Science, 2010, 52(8): 2720-2724.

[166] Dugstad A, Hemmer H, Seiersten M. Effect of steel microstructure on corrosion rate and protective iron carbonate film formation [J]. Corrosion, 2000, 57(4): 369-378.

[167] 万里平, 孟英峰, 梁发书. 油气田开发中的二氧化碳腐蚀及影响因素[J]. 全面腐蚀控制, 2003, 17(2): 14-17.

[168] 赵国仙, 吕祥鸿, 李鹤林, 等. 温度对 P110 钢 CO_2腐蚀行为的影响[J]. 中国腐蚀与防护学报, 2005, 25(2): 93-96.

[169] Li J L, Zhu S D, Qun C T. Abrasion resistances of CO_2 corrosion scales formed at different temperatures and their relationship to corrosion behavior [J]. British Corrosion Journal, 2014, 49(1): 73-79.

[170] Wei L, Pang X, Gao K. Effects of crude oil on the corrosion behavior of pipeline ateel under wet CO_2 conditions [J]. Materials Performance, 2015, 54(5): 58-62.

[171] Nesvic S, Lunde L. Carbon dioxide corrosion of carbon steel in two-phase flow [J]. Corrosion, 2012, 50(9): 717-727.

[172] 姚培芬. 油气管道 CO_2与 H_2S 腐蚀与防护研究进展[J]. 腐蚀与防护, 2019, 40(5): 327-331.

[173] 李佳航, 王丹, 谢飞, 等. 油气管道的 CO_2腐蚀及防护研究进展[J]. 表面技术, 2021, 50(4): 172-183.

[174] 李军龙, 徐星, 邹莉菲. 咪唑啉缓蚀剂的合成及缓蚀性能研究[J]. 天然气与石油, 2016, 34(4): 70-74.

[175] 孙飞, 傅晓萍, 李本高. 咪唑啉缓蚀剂的研究与应用[J]. 石油炼制与化工, 2014, 45(6): 96-102.

[176] 陈卓元, 王风平, 杜元龙. 咪唑啉缓蚀剂缓蚀性能的研究[J]. 材料保护, 1999(5): 41-43.

[177] 杨怀玉, 陈家坚, 曹楚南, 等. H_2S 水溶液中的腐蚀与缓蚀作用机理的研究ⅷ咪唑啉衍生物在 H_2S 溶液中的吸附作用行为[J]. 中国腐蚀与防护学报, 2003(2): 12-15.

[178] Wenshu G, Mohd T, Yuanhua L, et al. Effect of phosphonate functional group on corrosion inhibition of imidazoline derivatives in acidic environment[J]. Journal of Colloid And Interface Science, 2021, 597.

[179] 刘然克, 王立贤, 刘智勇, 等. 咪唑啉类缓蚀剂对 P110 钢在 CO_2注入井环空环境中应力腐蚀行为的影响[J]. 表面技术, 2015, 44(3): 25-30.

[180] 刘建国, 高歌, 徐亚洲, 等. 咪唑啉类衍生物缓蚀性能研究[J]. 中国腐蚀与防护学报, 2018, 38(6): 523-532.

[181] Amir S, Richard B, Yong H, et al. Impact of corrosion products on performance of imidazoline corrosion inhibitor on X65 carbon steel in CO_2 environments[J]. Corrosion Science,

2021, 185.

[182] 高秋英, 梅平, 陈武, 等. 咪唑啉类缓蚀剂的合成及应用研究进展[J]. 化学工程师, 2006(5): 18-21.

[183] 史足华, 张利平, 黄敏. 高效咪唑啉污水缓蚀剂的合成及现场应用[J]. 工业水处理, 2003(6): 42-44.

[184] 王志宏, 石昀, 周传臣, 等. 抗二氧化碳腐蚀用高效缓蚀剂的研究[J]. 当代化工, 2021, 50(2): 357-360.

[185] 张钧, 葛睿, 袁和, 等. 咪唑啉和季铵盐类缓蚀剂对 P110S 钢的缓蚀作用和机理研究[J]. 热加工工艺, 2019, 48(6): 58-61.

[186] Liu Z, Yu L, Li Q. Synergic mechanism of an organic corrosion inhibitor for preventing carbon steel corrosion in chloride solution[J]. Journal of Wuhan University of Technology-Mater. Sci. Ed., 2015, 30(2): 325 - 330.

[187] 郭睿, 李晓芳, 甄建斌, 等. 硫脲基松香咪唑啉季铵盐对 A3 碳钢的缓蚀性能[J]. 精细化工, 2017, 34(3): 326-333.

[188] 温福山, 杜永霞, 张涵, 等. 双咪唑啉缓蚀剂的缓蚀性能评价[J]. 腐蚀与防护, 2019, 40(2): 92-100.

[189] 杜海燕, 韩阒俐, 路民旭, 等. 抗 CO_2 腐蚀油气井缓蚀剂的研究与应用[J]. 表面技术, 2006(1): 77-79.

[190] 王虎, 李琛琛, 唐鋆磊, 等. 喹啉季铵盐中氯和溴对其缓蚀性能的影响[J]. 腐蚀与防护, 2016, 37(4): 321-326.

[191] 孙天祥, 徐亚霞, 李浩, 等. 油田化学剂在油田污水处理中的应用概况[J]. 化学工程与装备, 2011(11): 160-163.

[192] 闫旭涛. 复合缓蚀剂在油田采出水中的缓蚀性能研究[J]. 表面技术, 2017, 46(7): 178-182.

[193] 李晖, 罗斌, 唐祖兵, 等. 新型耐高温酸化缓蚀剂 XAI-180 的研发与性能评价[J]. 天然气工业, 2019, 39(9): 89-95.

[194] 郑士忠, 王功夫. 酸洗及有机胺类缓蚀剂[J]. 净水技术, 1995(2): 28-31.

[195] Trabelsi W, Dhouibi L, Matoussi F, et al. Modification of corrosion behavior of stainless steels with a poly- m -methoxytoluene coating[J]. Synthetic Metals, 2005, 151(1): 19-24.

[196] 林卫丽, 杜美利, 邓宇强, 等. 水溶性聚苯胺在 5% 盐酸中对碳钢缓蚀效果的研究[J]. 材料保护, 2006(5): 7-9.

[197] 陆峰, 李洪建, 郭睿, 等. 一种新型缓蚀剂对 A3 钢的缓蚀性能研究[J]. 重庆科技学院学报(自然科学版), 2010, 12(3): 110-112.

[198] 吴成剑, 周婉秋, 许淳淳, 等. 有机胺类添加剂对热浸镀锌板钼酸盐钝化膜耐蚀性能

的影响[J]. 腐蚀科学与防护技术, 2009, 21(4): 377-379.
[199] 李文卓, 赵莹莹, 黄帅宇, 等. 含有机胺-羧酸盐复合物的耐盐雾防锈油及其制备方法和应用[P]. CN106701254B, 2019-07-19.
[200] 王勤娜, 韩克飞, 施宝昌. 润滑油精制装置中的防腐与防焦研究[J]. 现代化工, 1999(4): 35-37.
[201] 丁艳梅, 许淳淳. 复合气相缓蚀剂对铁质文物缓蚀机理的研究[J]. 腐蚀科学与防护技术, 2006(4): 241-245.
[202] 韩颖, 闫卫东, 孔祥莲. 用天然野生植物制取缓蚀剂的研究[J]. 化学工程师, 1994(5): 48-49.
[203] 蒋伟, 龚敏, 赵金平. 天然植物绿色缓蚀剂的研究进展[J]. 腐蚀科学与防护技术, 2007(4): 278-281.
[204] 张万友, 陈月芳, 李洵. 复配型绿色植物缓蚀剂对盐酸溶液中 A3 钢的缓蚀作用[J]. 华北电力技术, 2002(1): 9-11.
[205] 刘学虎, 辛剑, 马伟. 海带提取液作为酸洗缓蚀剂的研究[J]. 腐蚀科学与防护技术, 2003(3): 172-174.
[206] 佟永纯, 王清云, 王龙德, 等. 天然缓蚀剂的提取及其性能研究[J]. 河西学院学报, 2014, 30(2): 67-71.
[207] 张健, 雷海辉. 提取竹叶中有效成分制备缓蚀剂的研究[J]. 电镀与精饰, 1995(2): 4-6.
[208] Shabani-Nooshabadi M, Kazemi-Darafshani M. Root and shoot extracts of Ajuga chamaecistus subsp. scoparia as natural inhibitors for 304 stainless steel corrosion in strong acidic medium[J]. Surface Engineering and Applied Electrochemistry, 2017, 53(6): 560-569.
[209] 芮玉兰, 田慧娟, 曹毅, 等. 半胱氨酸衍生物的合成及缓蚀性能[J]. 腐蚀与防护, 2012, 33(8): 689-694.
[210] 蒋伟, 龚敏. 从天然动植物中提取绿色缓蚀剂的研究进展[J]. 清洗世界, 2007(4): 17-20.
[211] 南粉益, 杨鸿鹰, 胡静, 等. 油田缓蚀剂的研究与展望[J]. 化学工程师, 2012, 26(9): 29-31.
[212] 刘婉. 油田缓蚀剂的分类及机理探讨[J]. 化工技术与开发, 2018, 47(3): 29-33.
[213] 仝方超, 李善建, 董晓军, 等. 一种油田酸化用醛酮胺缓蚀剂的合成及缓蚀机理研究[J]. 西安石油大学学报(自然科学版), 2015, 30(4): 87-90.
[214] 黄魁元. 无机缓蚀剂的应用[J]. 化学清洗, 1992(2): 14-17.
[215] 闫美芳. 环境友好型无磷缓蚀剂性能研究[J]. 清洗世界, 2017, 33(6): 11-14.
[216] 马昱刚, 宋绍富. 油田抗氧缓蚀剂的复配及研究[J]. 油气田环境保护, 2020, 30(1): 17-20.

[217] Liu M, Cheng X, Li X, et al. Corrosion behavior of low-Cr steel rebars in alkaline solutions with different pH in the presence of chlorides[J]. Journal of Electroanalytical Chemistry, 2017, 803: 40-50.

[218] 宋帅，顾洋，袁睿，等．不同 Cr 含量对低 Cr 钢耐 CO_2腐蚀行为的影响[J]. 焊管，2019，42(4)：13-19.

[219] 杨向同，吕祥鸿，谢俊峰，等．高强 15Cr 马氏体不锈钢在有机盐完井液中的腐蚀行为[J]. 腐蚀与防护，2018，39(12)：901-905.

[220] 崔璐，康文泉，吴鹏，等．多相高速流动环境中 13Cr 不锈钢冲刷腐蚀特性[J]. 西安石油大学学报(自然科学版)，2020，35(3)：92-96.

[221] 常泽亮，毛学强，马天兵，等．镍基耐蚀合金涂层在油气田压力容器内壁防腐的应用[J]. 焊管，2020，43(10)：61-64.

[222] 李雪松．含钛低合金钢耐大气腐蚀性能的研究[J]. 鞍钢技术，1987(3)：66-70.

[223] 张菽浪，张红斌．Incoloy825 耐蚀合金[J]. 特钢技术，2005(3)：64-66.

[224] 杜雪玟，张艳．内衬油管防偏磨机理及应用效果分析[J]. 石化技术，2021，28(1)：155-156.

[225] 柳桂永．超高分子聚乙烯内衬油管在油田应用效果分析[J]. 中小企业管理与科技(中旬刊)，2020(12)：177-178.

[226] 赵哲龙，丁鹏，韩霞，等．HDPE 内衬防腐油管制造技术及应用效益[J]. 科技资讯，2015，13(26)：53-54.

[227] 胡建修，王谦，张彦东，等．DPC 内涂层技术在石油专用管中的应用[J]. 腐蚀与防护，2009，30(7)：504-505.

[228] 李建平，张帆，郝士明，等．LN209 井 PC400 内涂层油管应用研究[J]. 腐蚀科学与防护技术，2004(3)：166-168.

[229] Wu G, Zhang Q, Zhang N. The failure reason of epoxy-phenolic coating on the internal surface of BG90S steel tubing under sour gas environment[J]. Pigment & Resin Technology, 2020, 49(3): 181-187.

[230] 侯世忠．阴极保护技术的研究与应用[J]. 全面腐蚀控制，2018，32(10)：39-44.

[231] 葛燕，朱锡昶．海洋环境钢筋混凝土的腐蚀和阴极保护技术[J]. 中国港湾建设，2004(3)：28-30.

[232] Kurniawan A, Fitri S P, Rahman M F. Experimental Study of Thermoelectric Generator as Electrical Source of Impressed Current Cathodic Protection for Ship Hull[J]. International Journal of Marine Engineering Innovation and Research, 2016, 1(3): 143-148.

[233] 颜东洲，黄海，李春燕．国内外阴极保护技术的发展和进展[J]. 全面腐蚀控制，2010，24(3)：18-21.